SPACE

COLORING & ACTIVITY BOOK FOR KIDS

I0480905

THIS BOOK BELONGS TO:

_____

ISBN-13 : 979-8717352789

CONTENTS

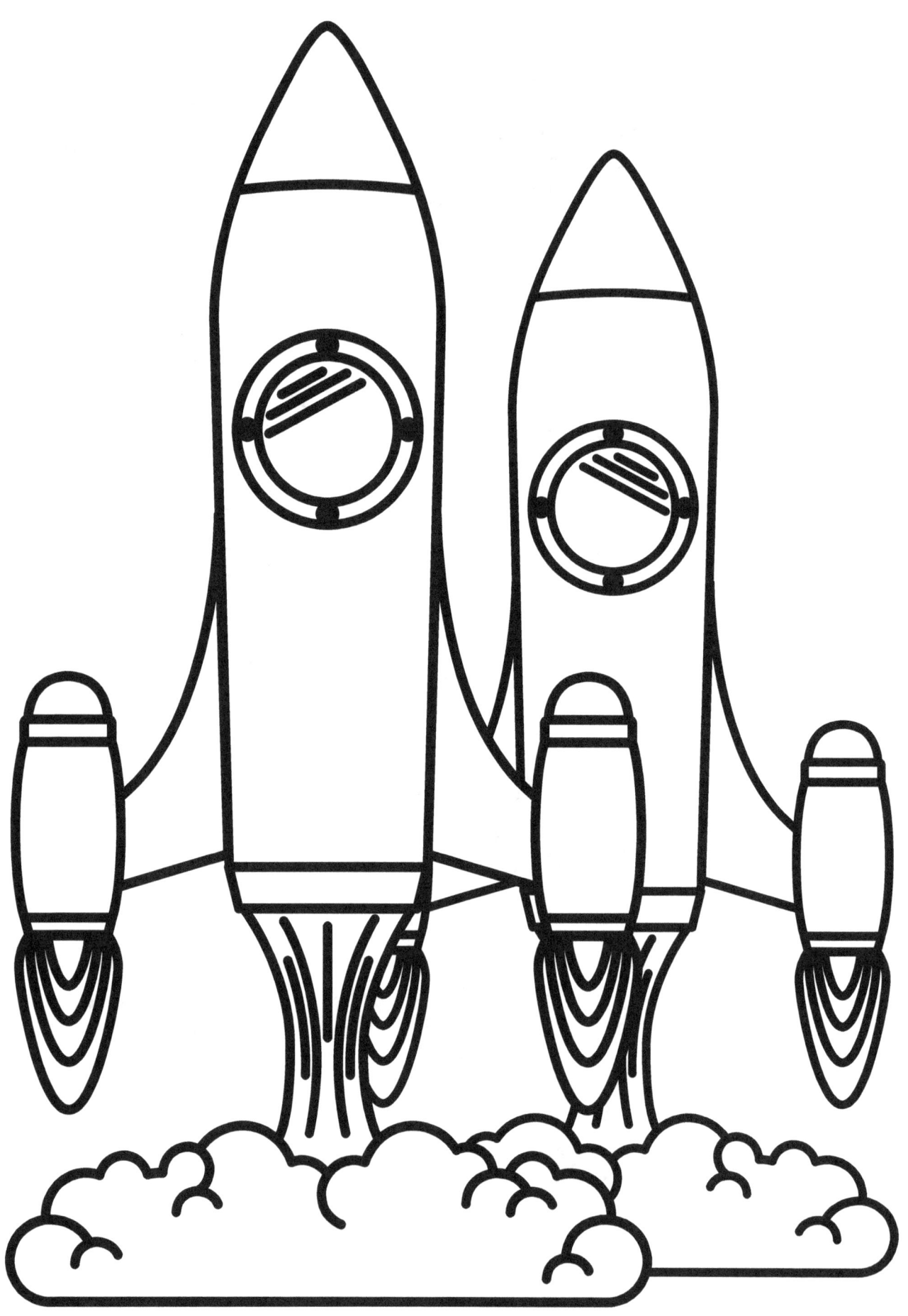

Instructions: Connect the dots from 1 to 21.

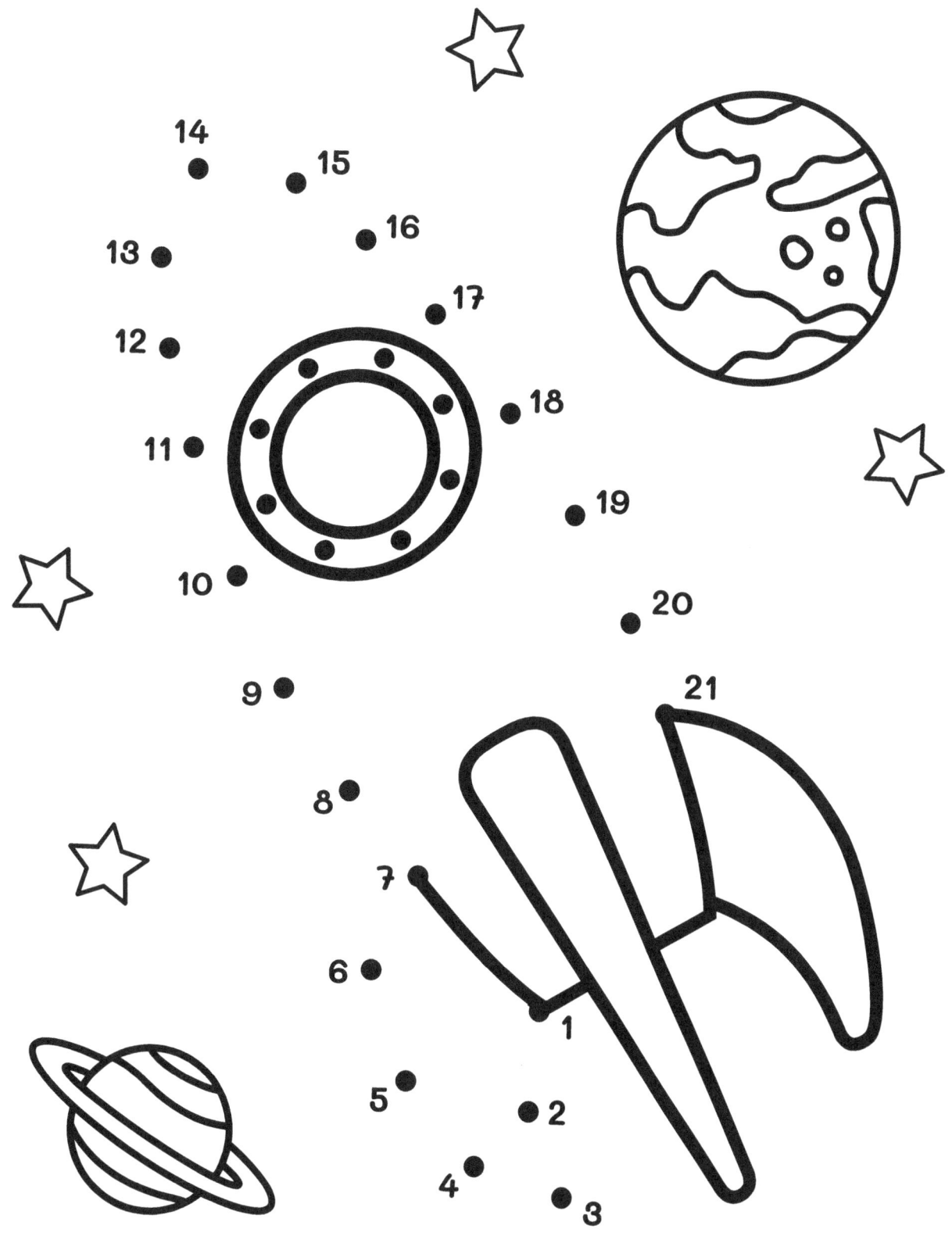

Instructions: Connect the dots from 1 to 16.

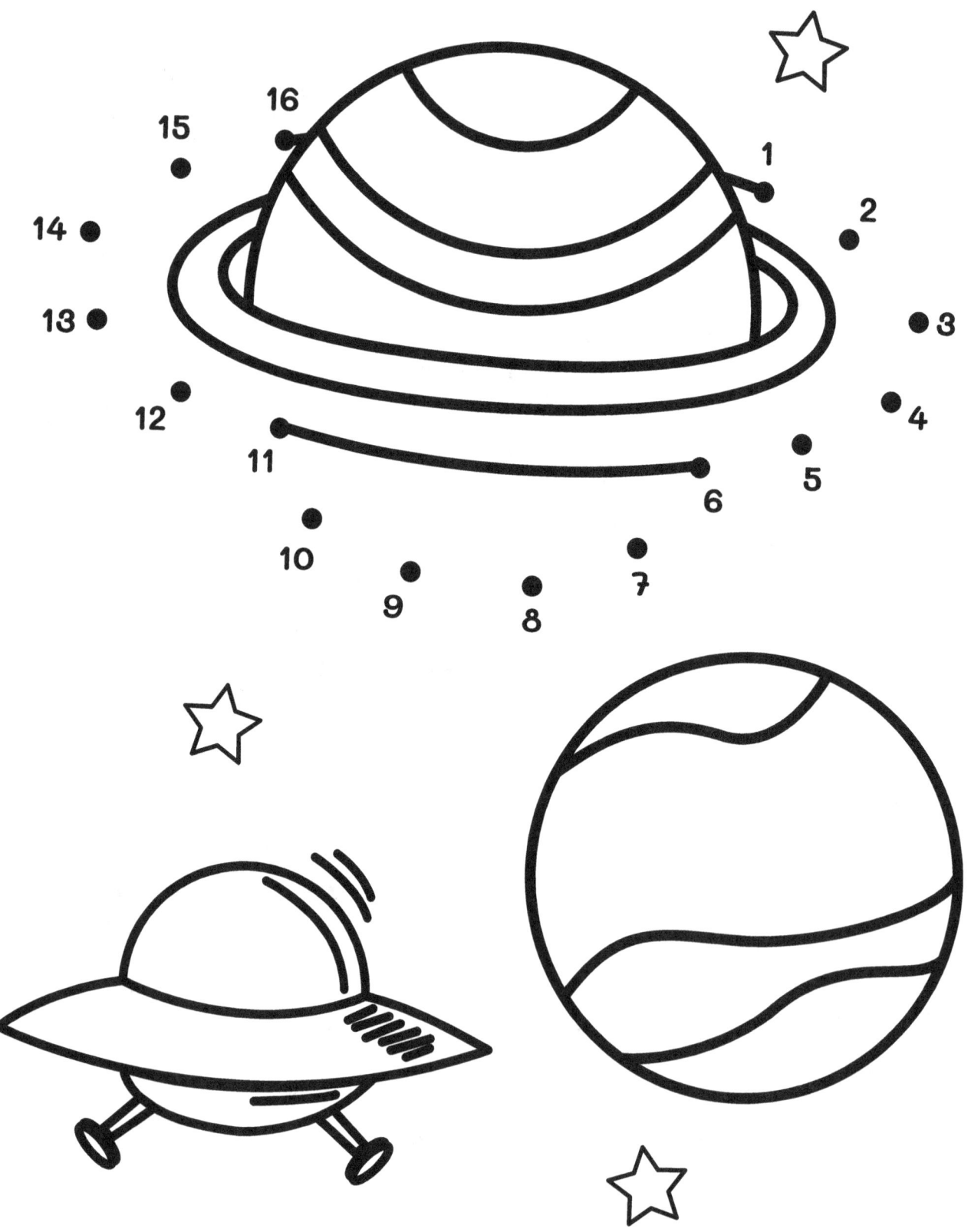

Instructions: Connect the dots from 1 to 23.

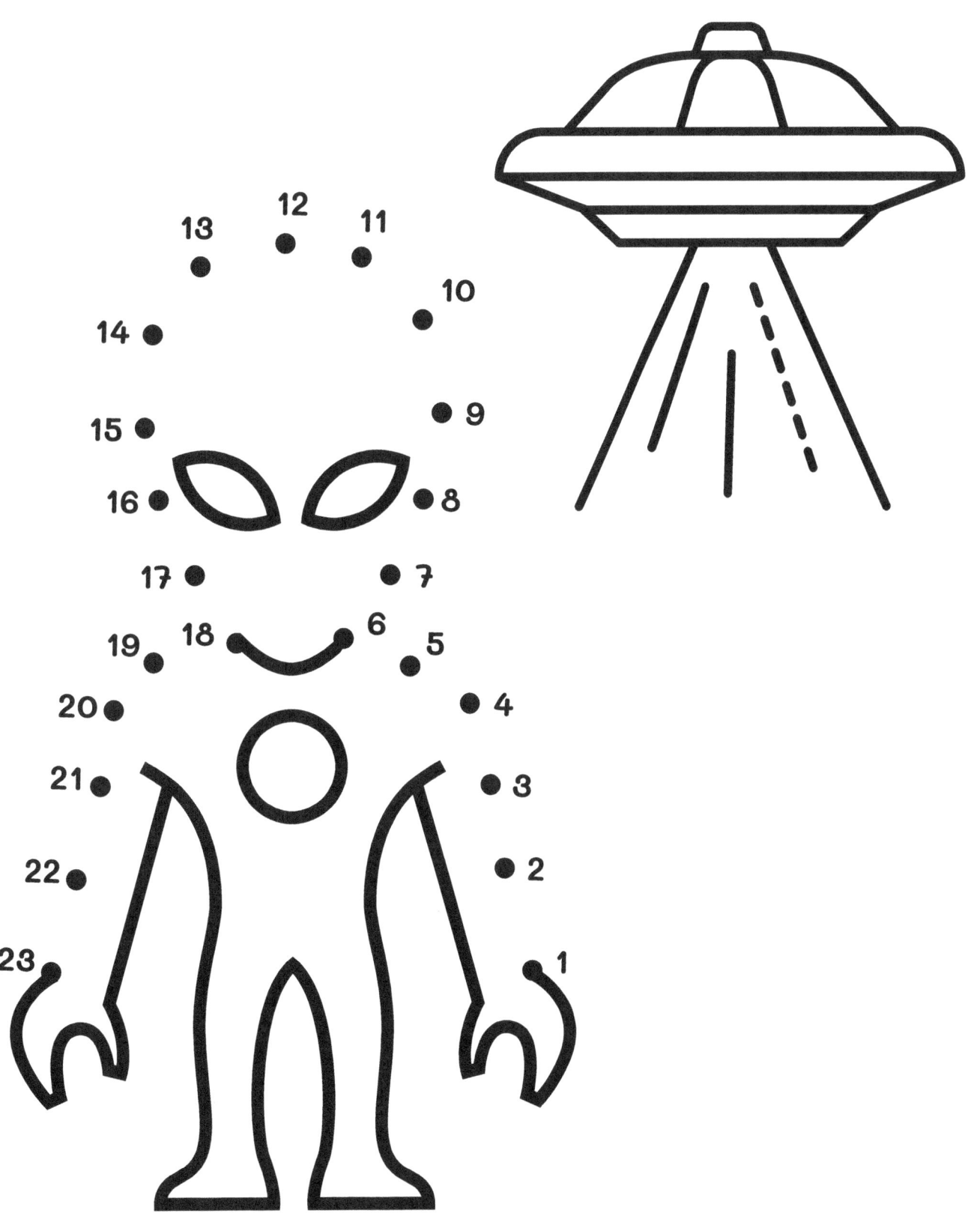

Instructions: Connect the dots from 1 to 22.

Instructions: Connect the dots from 1 to 25.

Instructions: Connect the dots from 1 to 20.

Instructions: Connect the dots from 1 to 30.

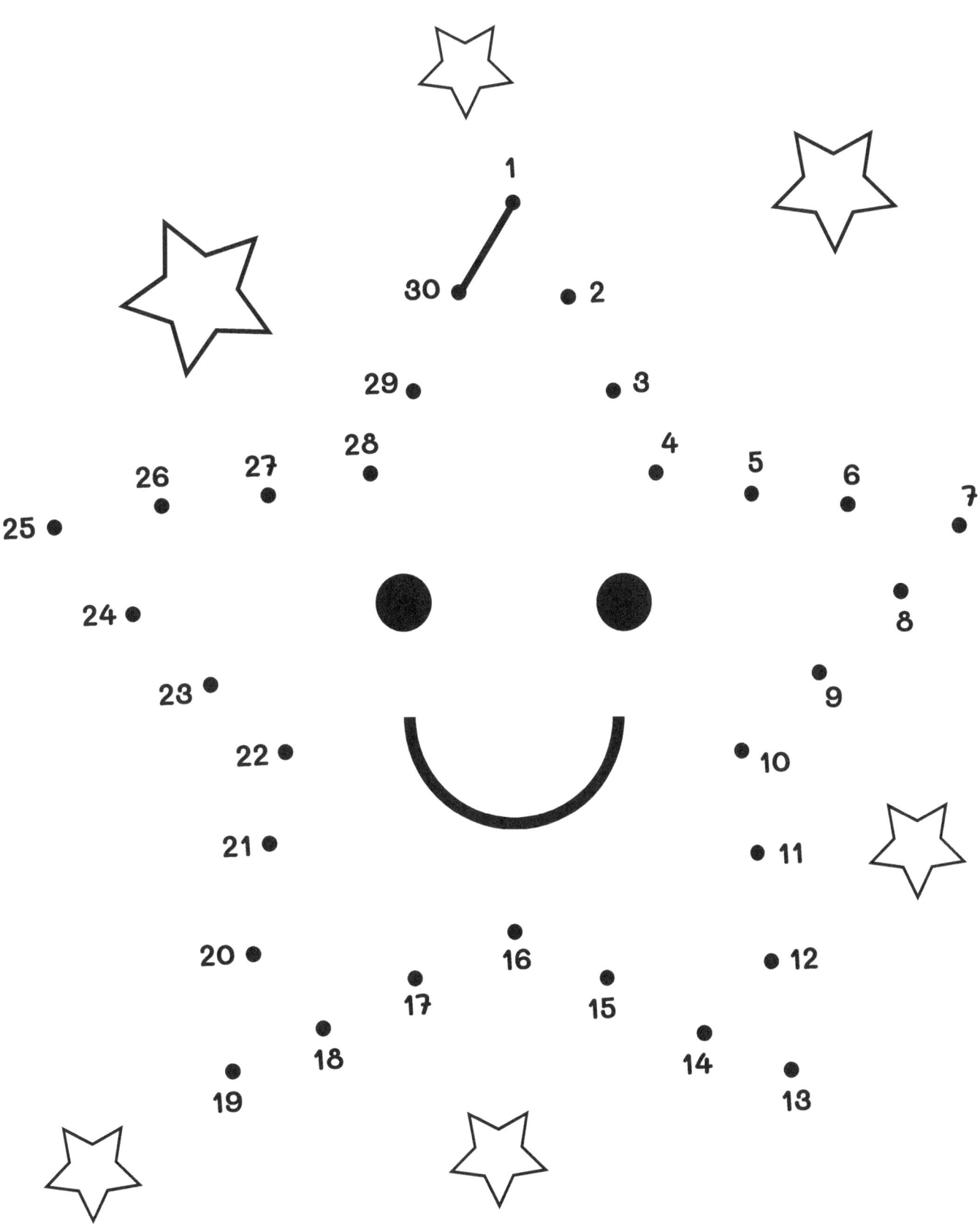

ROCKET

DRAW IT!

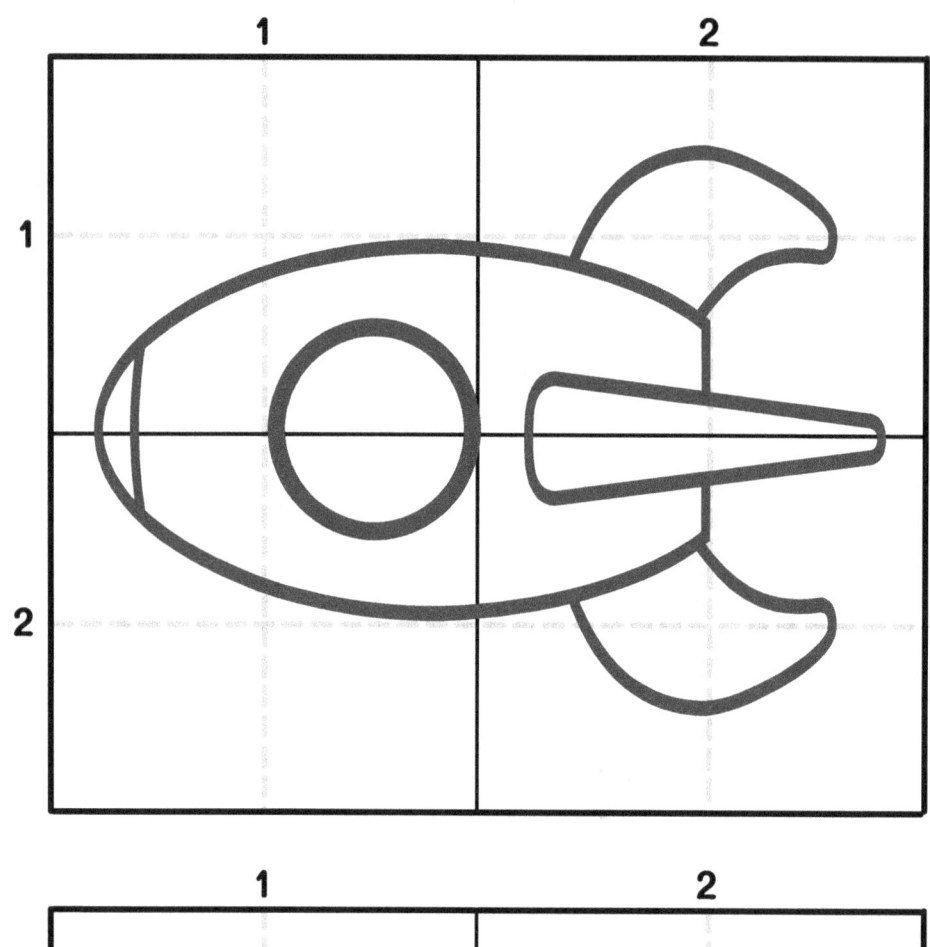

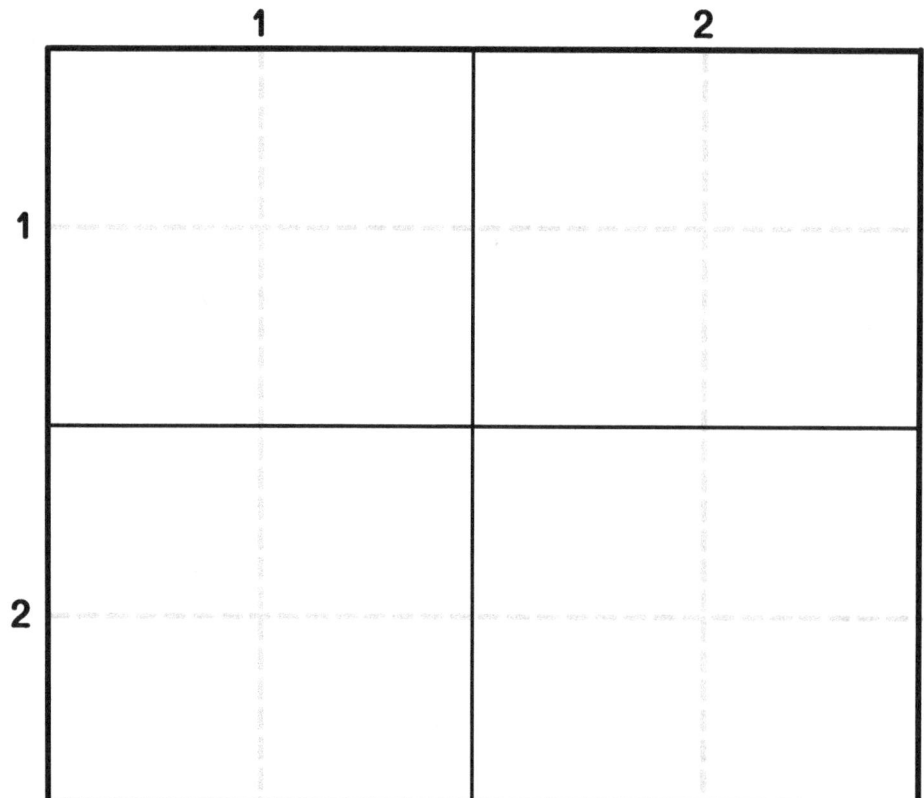

UFO

DRAW IT!

1   2

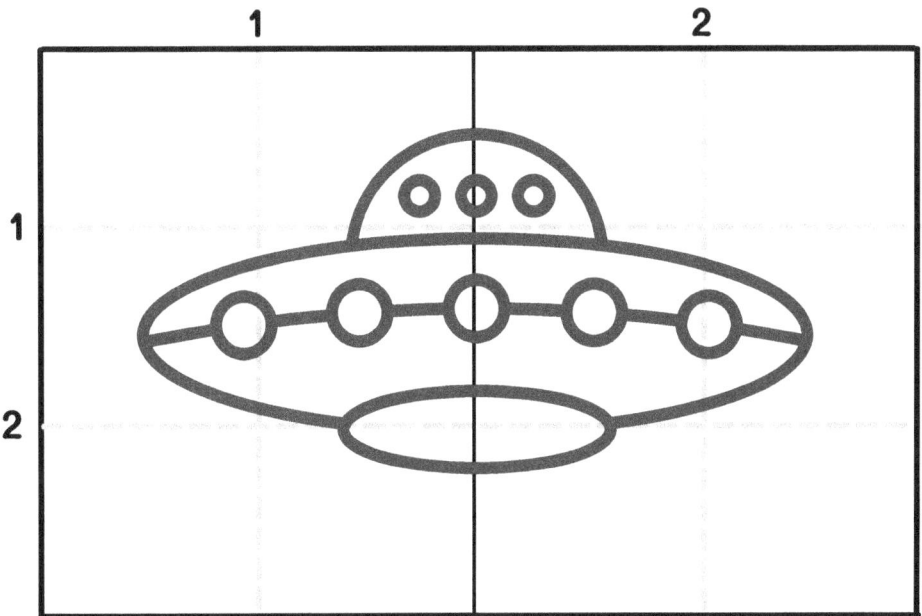

1   2

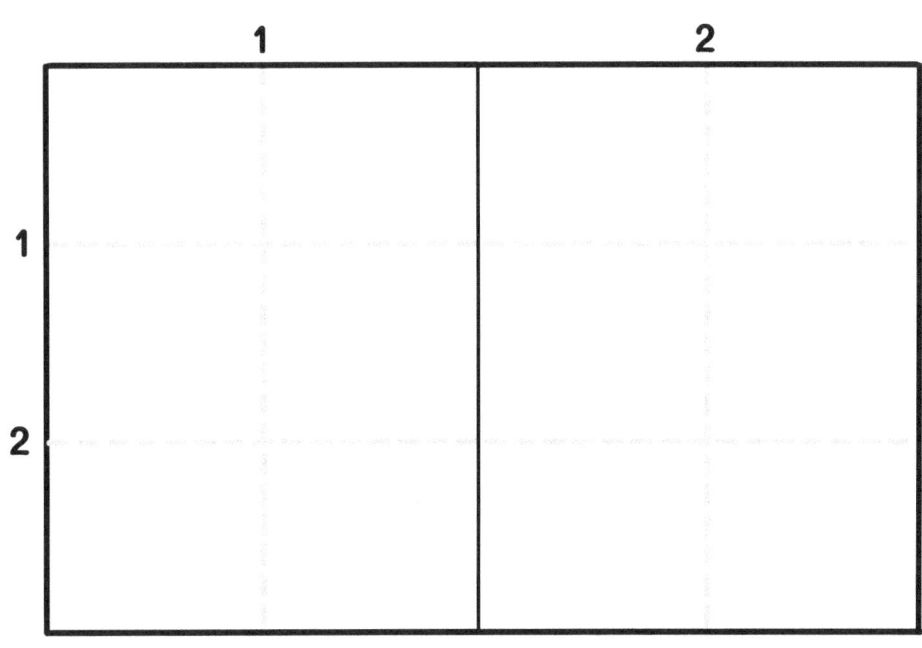

SATURN
DRAW IT!

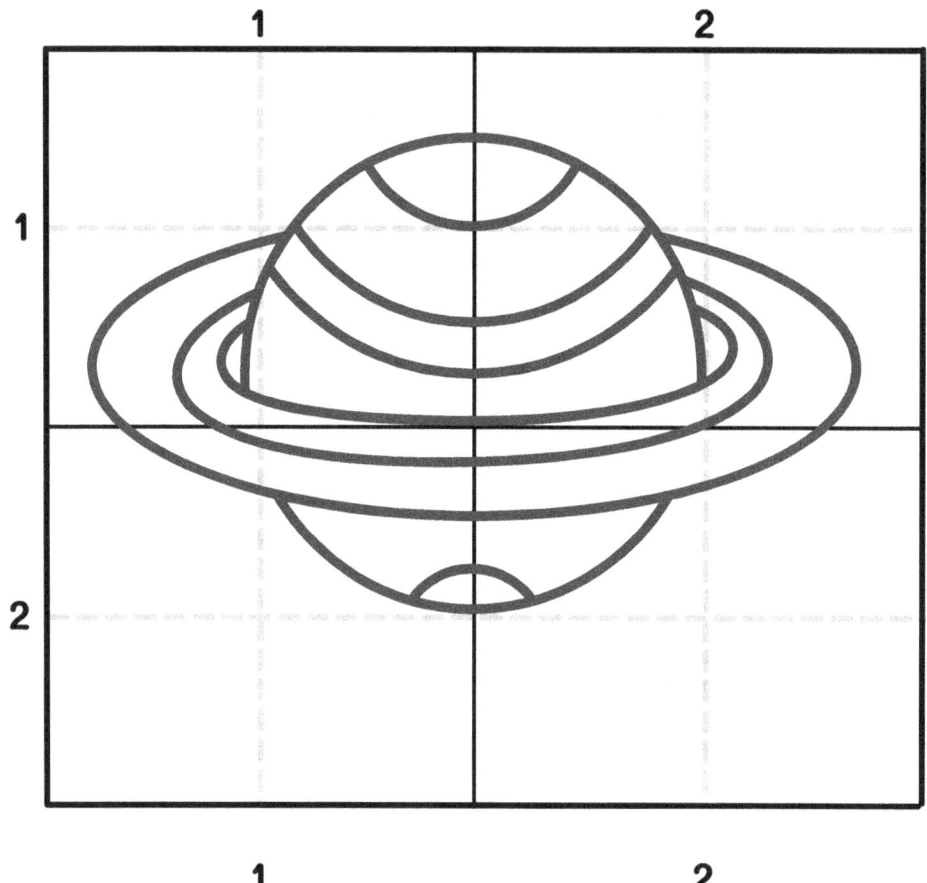

ALIEN

DRAW IT!

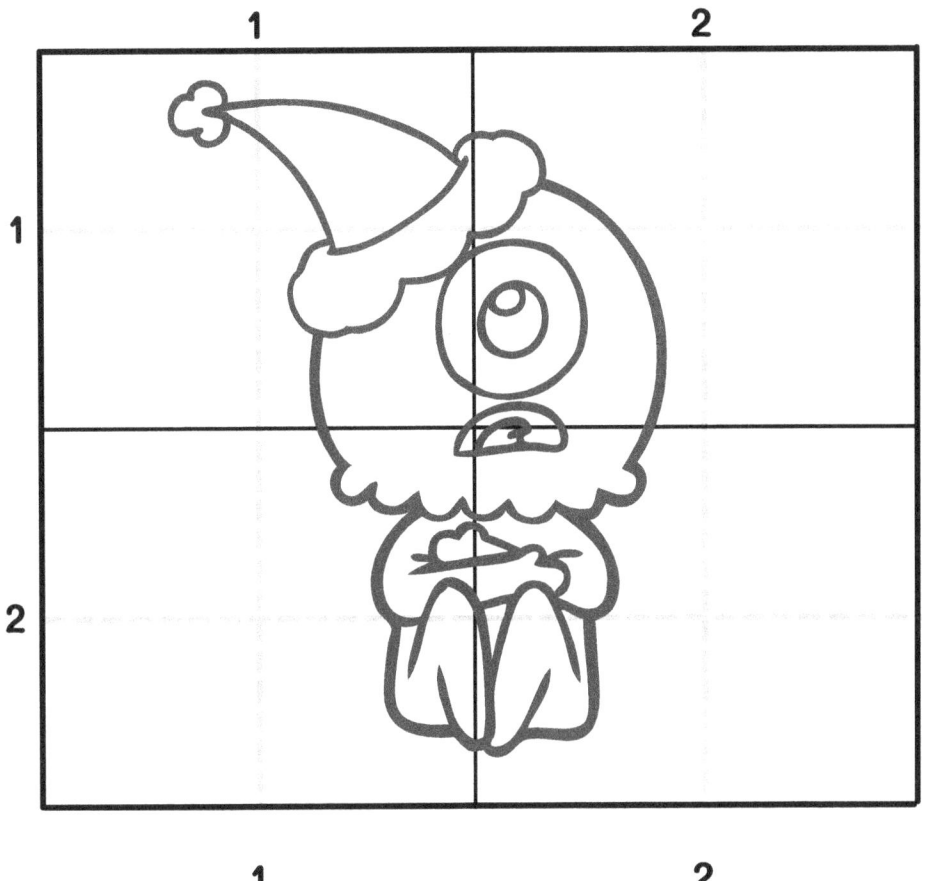

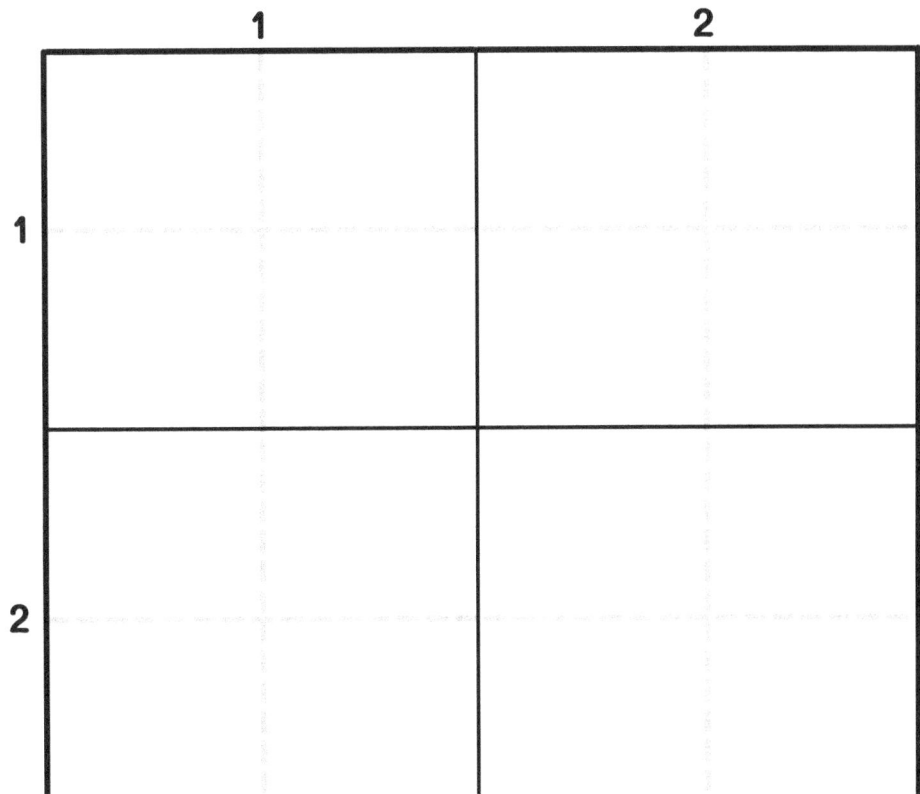

ASTRONAUT

DRAW IT!

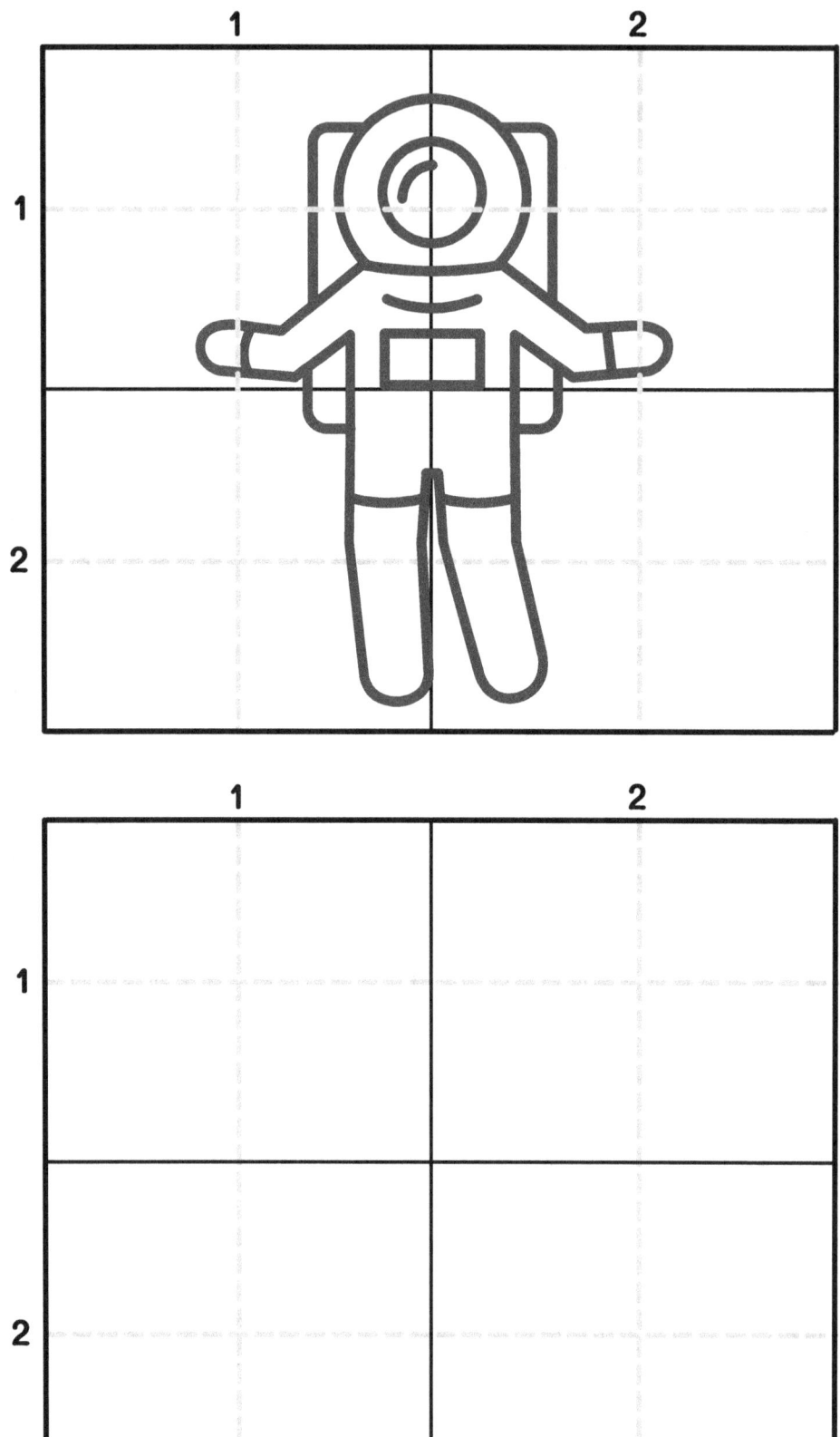

Instructions: Draw the missing shape to complete each of the patterns below.

Instructions: Draw the missing shape to complete each of the patterns below.

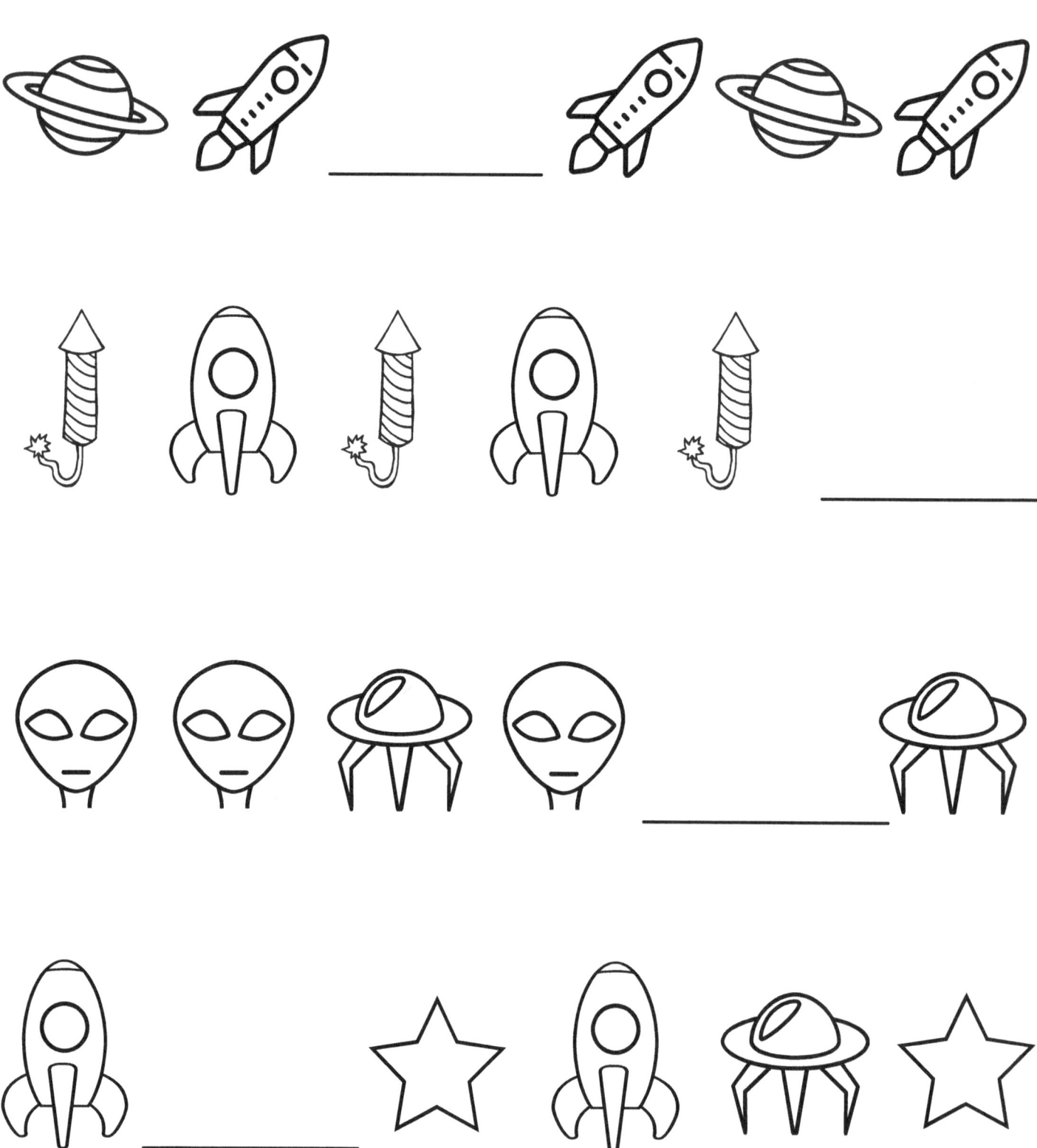

Instructions: Draw the missing shape to complete each of the patterns below.

Instructions: Draw the missing shape to complete each of the patterns below.

Unscramble the letters to find the words.

1. N O M O   _____

2. H E R T A   _____

3. R O M T E E   _____

4. P E N T U N E   _____

5. S A M R   _____

6. T I V Y R A G   _____

7. T O M E C   _____

8. T U J R I P E   _____

9. C E M R U R Y   _____

Words List

COMET	JUPITER	MERCURY
EARTH	METEOR	MOON
GRAVITY	MARS	NEPTUNE

Unscramble the letters to find the words.

1. T A R S U N   _____

2. R U N L A   _____

3. K O C T E R   _____

4. R S A T   _____

5. T U P O L   _____

6. S A P L U C E   _____

7. N U S   _____

8. T I R B O   _____

9. R U N S U A   _____

Words List

CAPSULE	PLUTO	STAR
LUNAR	ROCKET	SATURN
ORBIT	SUN	URANUS

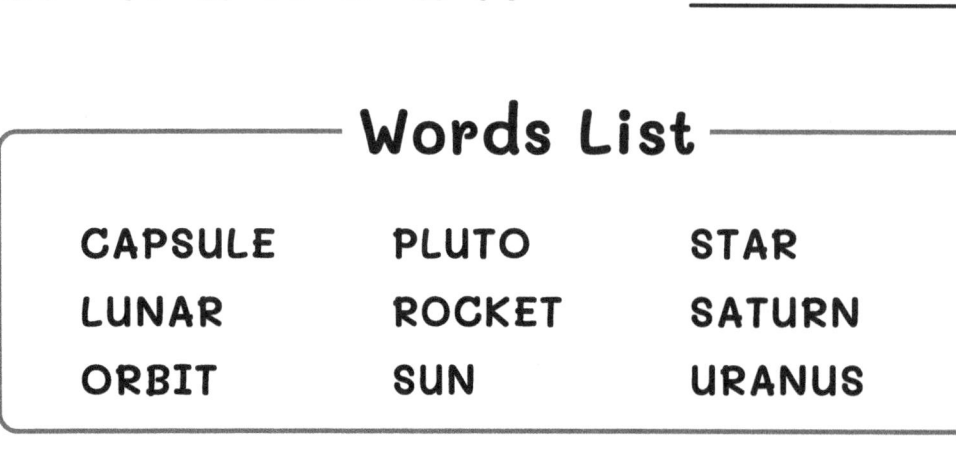

Unscramble the letters to find the words.

1. O U F   _____

2. T E R T O A   _____

3. L A P L O O   _____

4. L G A X A Y   _____

5. R O S A L   _____

6. N E S U V   _____

7. L I A N E   _____

8. N L A T E P S   _____

9. S I N R U E V E   _____

Words List

ALIEN	PLANETS	UNIVERSE
APOLLO	ROTATE	UFO
GALAXY	SOLAR	VENUS

Unscramble the letters to find the words.

1. N U S E A D   _____

2. L E A W F F   _____

3. P I L L P O O L   _____

4. F I R T E L   _____

5. T E R Z P E L   _____

6. L E Y L J   _____

7. T O N U D   _____

8. C H E T K S   _____

9. R A M A C O N   _____

Words List

DONUT	MACARON	SKETCH
JELLY	PRETZEL	TRIFLE
LOLLIPOP	SUNDAE	WAFFLE

Unscramble the letters to find the words.

1. s a g   _____

2. m a g e   _____

3. d i h e   _____

4. r o g a e n   _____

5. n a n b a a   _____

6. y p a a a p   _____

7. l e a p p   _____

8. d y n c a   _____

9. s a r g s   _____

Words List

apple	game	hide
banana	grass	orange
candy	gas	papaya

Unscramble the letters to find the words.

1. m o h e   _____

2. t i p u l   _____

3. n e h   _____

4. n i k p   _____

5. t o b r o   _____

6. w o l e l y   _____

7. k a l c b   _____

8. y o n m d a   _____

9. t a s k e b   _____

Words List

basket	home	robot
black	monday	tulip
hen	pink	yellow

Unscramble the letters to find the words.

1. g i n s   _____

2. e r i w t   _____

3. t e a   _____

4. l y f   _____

5. p u m j   _____

6. m i s w   _____

7. k a w l   _____

8. t i s l e n   _____

9. k i r d n   _____

Words List

eat	jump	swim
drink	listen	walk
fly	sing	write

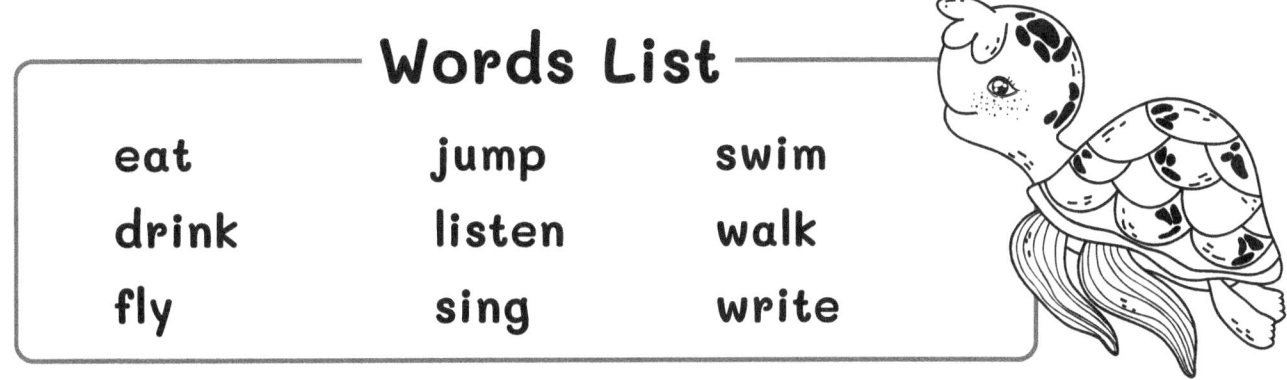

Unscramble the letters to find the words.

1. a e s   _____

2. l a s t e c   _____

3. l a s e   _____

4. p i s h   _____

5. w a e d e s e   _____

6. h i s f   _____

7. s r e t o b l   _____

8. s k a h r   _____

9. n o t e s   _____

Words List

castle	seal	sea
fish	seaweed	ship
lobster	stone	shark

Match the pictures on the left to the correct words on the right.

STAR

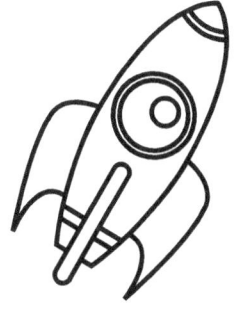

ASTRONAUT

ROCKET

ALIEN

MOON

Match the pictures on the left to the correct words on the right.

SATURN

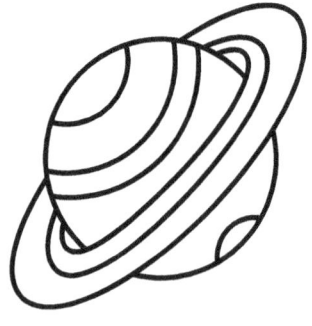

EARTH

SUN

GALAXY

UFO

Match the pictures on the left to the correct pictures on the right.

Match the pictures on the left to the correct pictures on the right.

Match the pictures on the left to the correct pictures on the right.

Match the pictures on the left to the correct pictures on the right.

Match the pictures on the left to the correct pictures on the right.

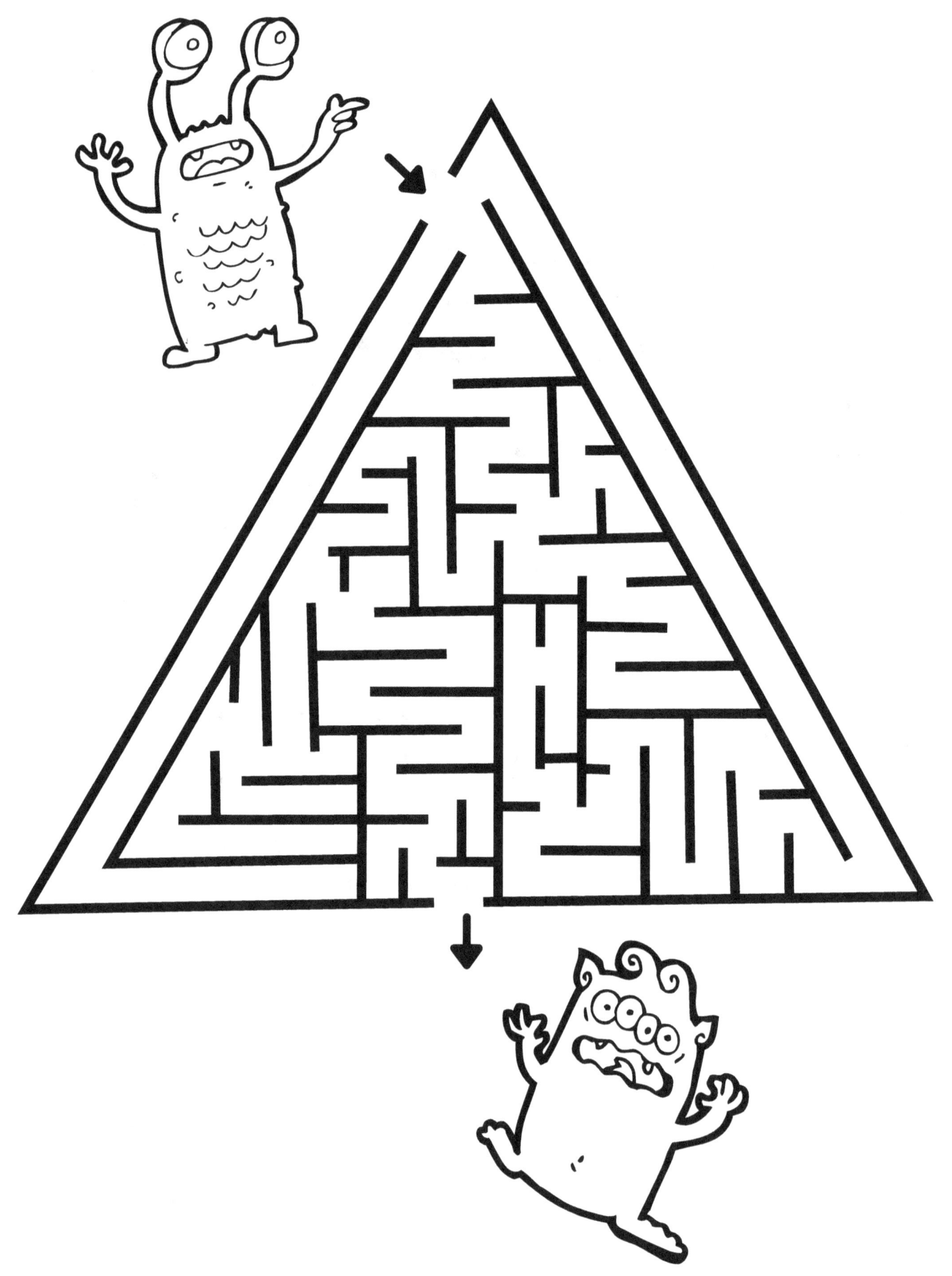

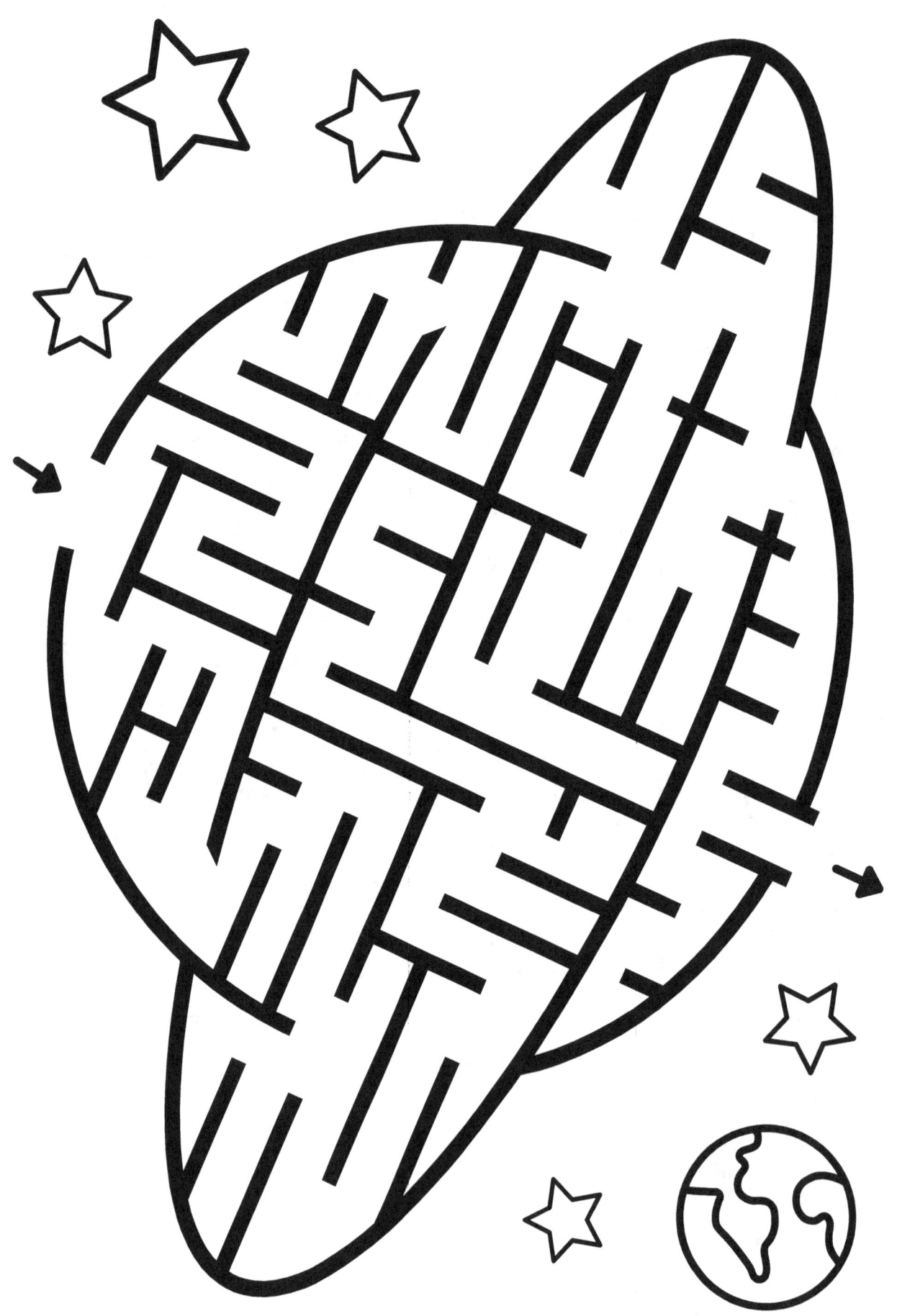

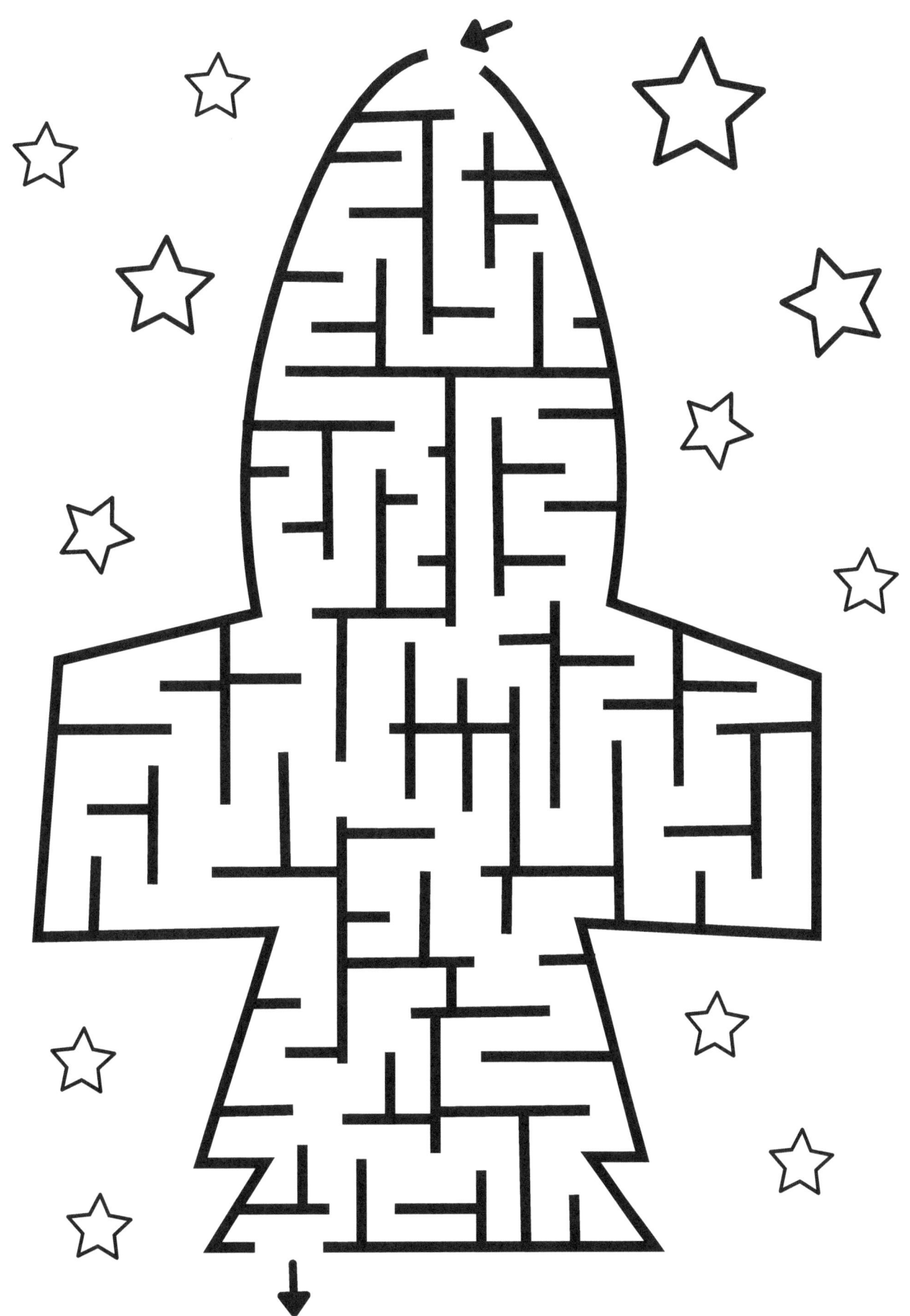

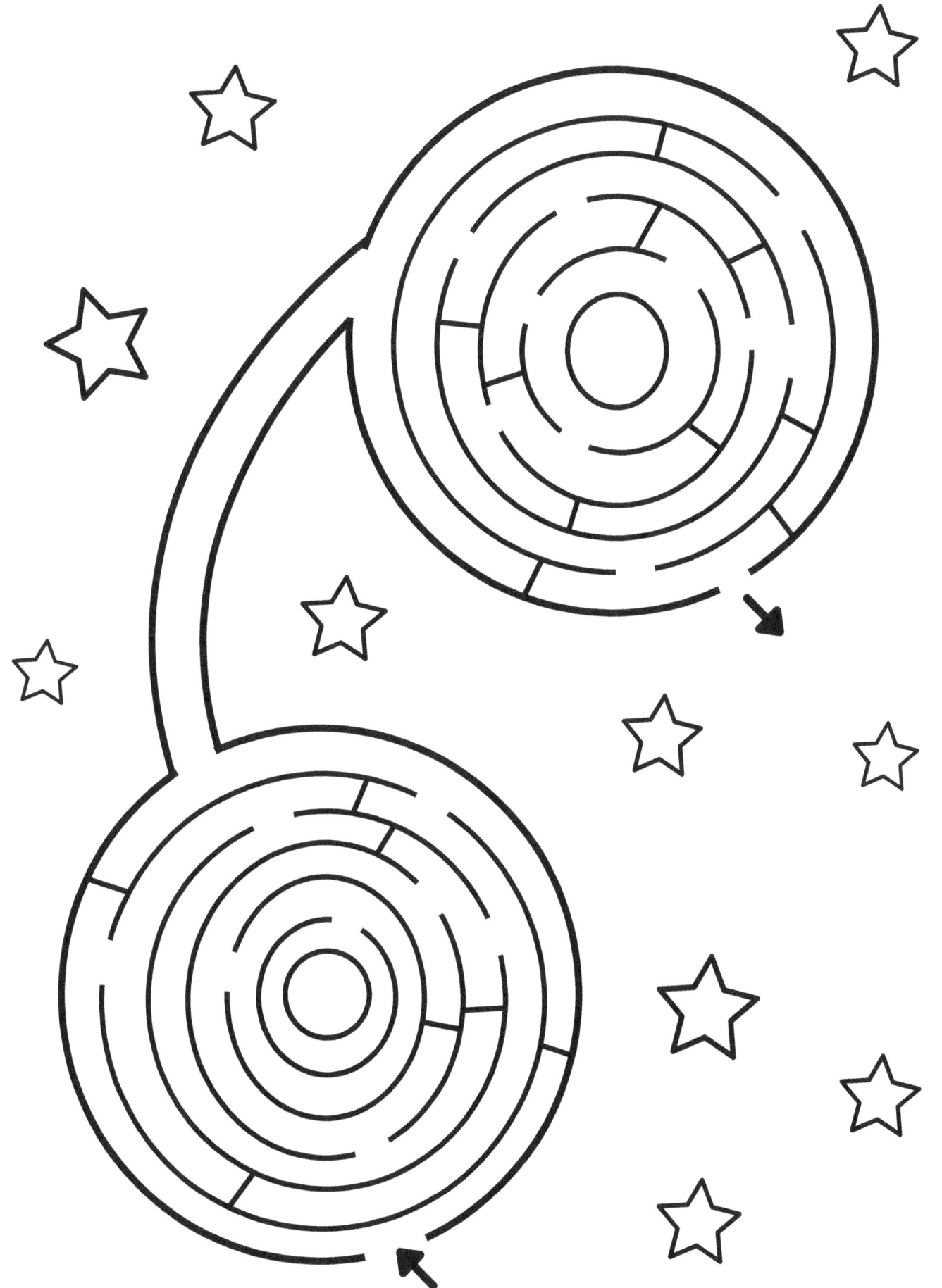

4X4 SUDOKU

Sudoku 1

	2		
		2	
3		4	
2			1

Sudoku 2

			1
4			2
2			4
		2	3

Sudoku 3

		1	2
	1		3
4		2	

Sudoku 4

	2	3	
	3		
			1
2		4	

4X4 SUDOKU

Sudoku 5

	3	2	
			4
1			
		1	2

Sudoku 6

4			
		1	
	2	4	
		2	1

Sudoku 7

4			
			2
2		1	4
	4		

Sudoku 8

	2	1	
		3	2
	1		
2			1

4X4 SUDOKU

4		2	1
			3
	2	3	

2	4		3
	3	4	
			1

4			
		4	
	1	2	
2			3

3			
			2
	1		3
		2	1

4X4 SUDOKU

Sudoku 13

		3	
2	3		
1			
3			4

Sudoku 14

	3		
1		2	
		4	
4			1

Sudoku 15

4			
	3	4	
	4	3	
	1		4

Sudoku 16

		1	2
2			
			4
4	3		

6X6 SUDOKU

Sudoku 1

					5
	6	1		4	
1			2	5	
2		6		1	
	4				1
			6	2	

Sudoku 2

	5				2
					4
		4	1		
1		3	2		
2				6	
	4	1	5	2	

Sudoku 3

		2	4		
	4		3		6
5			2	4	
	3				5
				1	4
4	5				

Sudoku 4

			4	6	
	3				
3	4		2		
5		2		6	
2	5			3	
					1

6X6 SUDOKU

Sudoku 5

6	4				
			6		3
		2	4	5	
		5			6
1	3	4	2		
2			1		

Sudoku 6

4			6	1	
		2			6
			3		
	4	3		1	
1					4
2				3	

Sudoku 7

3		4			2
				5	3
	1			6	
	4	2			
1		5	3		
		6	5		

Sudoku 8

5			2	6	
		3	2		
3					4
	2		5		
	4	1			
				6	1

6X6 SUDOKU

Sudoku 9

	3				6
6	2				4
			4		3
4			2		
	6	5		4	
		2		5	

Sudoku 10

	2	3			
				2	1
	5	2		6	
	1			4	
6	4		5	3	
			6		

Sudoku 11

	5	3	6		
			4	5	
		4		1	
6			2	4	
3					2
2		6			

Sudoku 12

6	1		4		
				1	
	5	1			6
				5	2
		2			4
4				6	1

6X6 SUDOKU

		4	5		
2				3	4
				2	5
5	4				
			5	3	
	5	6			

4	2			5	
	6	1			
				6	2
3	4		6		
6				4	3

		2	5		1
	3		6		
		4			5
2			1		3
	2	3			
4				5	

		6	2	5	
	2	3	6		
	5		3	6	
	6				
2	4				
			5		4

8X8 SUDOKU

	6		3	4			1
4				5	3		2
		6					
	1				7		5
		8	2				
	7					8	4
			4		1		
	5	2	1		6		8

				1	6	2	
6						7	8
		1		8			6
				7	2		5
	2	5	8			6	
			4		7		
		8	1			5	7
5			2			3	

	8			6	3		
6	5	2	3			1	
8	3		4		7	5	2
		1				4	
4			1				
			2		5		
							7
7							8

	2	4				8	
					7		
		1	8			4	
6	4	3					8
			7				2
1	8		6			7	3
2	6						
3				8	6		1

8X8 SUDOKU

	6						4
3					6		
7		1			5		
	5	8				7	
			1	5	8		6
				3			
6	3	7		8	4		1
5		4					2

			8	1			
				8	2		
	2		7		1		
			6		3		
7	4		2				
				5			2
1		4		2		6	
6	8			3	7		4

				5		8	
1							2
		4	5	2			
8	1	6				3	4
	2			1	4		
4	5				8		
			4		6		
3			1			5	

2	3						
	7			4	2	5	
8				6			
5				7	4		2
			2		1		
4		7		2			6
1		2	3		7		
			6		5		

8X8 SUDOKU

Sudoku 9

	4		2				
	8			2		7	4
7	3			8	1	2	5
5						6	
			3	1			2
		2	1				
			5		8		1
4			8	3			

Sudoku 10

4							7
	7	3	6	5			8
					4		
1			3		8		
7	8						
			5			7	2
		5				2	6
	3					8	1

Sudoku 11

2	7	5	4				
8	1	6		2		5	
	6						
				8		7	2
	8				4	6	1
4	3						
		4	8		5		7
					8		

Sudoku 12

	1	8		7			
		2	7				
4	7					2	
	5	1			8		7
1			3		7		
		6		1		4	
6	2	4					
8		7					5

8X8 SUDOKU

			4	6	3		
	6	3	5				
	7			3	5		
		4	3	1			
5			4			1	3
1				2		5	
		5			8	7	
	1	7	6				2

6					7		
4	5						
7	1	6				5	8
8	2						
				3			
2	3			6		7	
5			1	7	2	3	
		8		1			4

8							3
	3						
3		4					
		1	8	5	7		4
	2		4	1	5	7	
				2			6
1		2	5		8		7
					2		

8		2	6	7			
		7					3
			8	4			
	1		2		7		
		1			5		
	7	6					2
	8		7			5	
	5	4			6		8

9X9 SUDOKU

Sudoku 1

	6		8	1	5		4	
	4	2				5	6	
5		7	2	6	4	1		3
			4	3	9			
		8				4		
			1	7	8			
2		9	7	4	6	3		5
	3	6				9	2	
	5		9	2	3		7	

Sudoku 2

8			5	6	4			2
		1		8		9		
5			1		9			7
			8	3	1			
	1		6	4	5		9	
	5			7			3	
2	6		3	1	8		4	9
1	3	4	9		6	7	2	8

Sudoku 3

4		1	8		5	6		2
2		6				5		4
7			4	2	6			3
	1	7				4	2	
5								7
	6	4				3	1	
3			7	5	1			6
6		5				2		1
1		9	2		3	7		8

Sudoku 4

	3		2	7	8		6	
2			5		4			3
		4		9		7		
6	8			5			4	7
7		3	6		2	8		1
4	2			8			9	6
		2		1		6		
3			9		5			8
	5		4	3	6		2	

9X9 SUDOKU

		4	6		1	3		
		6	4	8	7	5		
7	9	8				6	4	1
1	5			2			6	9
	3		7		5		1	
8	4			6			3	5
2	7	3				9	5	6
		1	5	3	2	8		
		5	9		6	1		

9								4
		4	6		5	9		
6			9	4	1			2
	6		2	5	9		7	
	2	9	1	7	8	4	3	
	1			3		2		
1	4		3		7		6	8
				1				
	7		8		2		4	

	2	4		9	7			
5								2
6	7		2		8		1	4
8		4		7		1		3
		1	8		3	2		
3		6		9		4		8
9	1		5		4		3	6
4								1
		3	9		1	5		

7		5	9		4	2		1
2			8		6			9
8	9			1			4	6
3		4	5		7	8		2
6			4		3			5
	5	7				9	1	
9	3	8	7		1	6	2	4

9X9 SUDOKU

Sudoku 9

4	6		7	3	5		8	2
2				6				1
		3		1		6		
6				4				3
7	1	5	3		2	4	6	8
3				7				5
		2		5		1		
1				2				7
9	4		1	8	3		2	6

Sudoku 10

	6			3			8	
3			7		8			9
2	8		6	9	5		4	7
		2	3		1	4		
	5		9		6		1	
		8	5		2	9		
1	3		4	2	7		9	8
5			8		9			1
	9			5			2	

Sudoku 11

	2	9		1		4	8	
			9		7			
3	7		5	4	8		9	2
	9	2				5	7	
8								1
	1	5				3	2	
7	8		4	3	6		5	9
			1		2			
	6	4		9		8	1	

Sudoku 12

				3		2	5	
3		6	4			5	8	
5	9		7	8	2		3	
	3	1				9	6	
7		9				5		8
	5	8				7	1	
	7		8	4	1		2	9
		2	3		6	1		5
	1	3		5				

9X9 SUDOKU

	9						8	
2		5	6		8	7		9
	7	8		9		1	6	
	2		4	5	7		9	
		6	2		1	3		
	5		9	6	3		1	
	3	2		4		5	7	
5		4	7		6	9		1
	6						2	

8			6	7	1			4
	2	1		4		7	3	
4	9		5	2	3		6	1
	3						8	
2		9				1		7
	1	6	2		8	3	4	
1								3
	4	5		9		2	7	
	7						1	

3			5	1	9			8
		5				9		
4				7				3
	9			4			1	
	4	1		8		5	2	
	7	8	9	5	1	3	4	
	1	4	6		8	2	9	
9								1
8			1		7			4

5		1	6		9	8		2
4								3
			3	5	4			
8			5		7			4
	7	9				3	8	
6	5						2	1
7	4			6			9	8
9	1						3	6
3		2	8			5	4	7

ANIMAL
WORD SEARCH

```
E L E P H A N T
S L R T R Y D M
R N A E E O K B
E C A K G C P K
E G N K U I E L
D O I D E E T Z
M P N P B X D X
```

Words to find

BEE   ELEPHANT
CAT   MONKEY
DOG   PIG
DUCK   SNAKE
DEER   TIGER

BEACH
WORD SEARCH

S	T	A	R	F	I	S	H	H	J
D	R	A	O	B	F	R	U	S	S
S	W	I	M	S	U	I	T	T	T
S	A	I	L	I	N	G	M	Q	
D	K	L	Q	L	H	X	E	W	
V	N	Y	D	A	A	T	L	T	
B	O	A	T	N	I	B	T	Q	
P	N	G	S	K	W	Y	J	B	

Words to find

BALL   SAND

BOAT   SKY

HAT   STARFISH

KITE   SWIMSUIT

SAILING   SURFBOARD

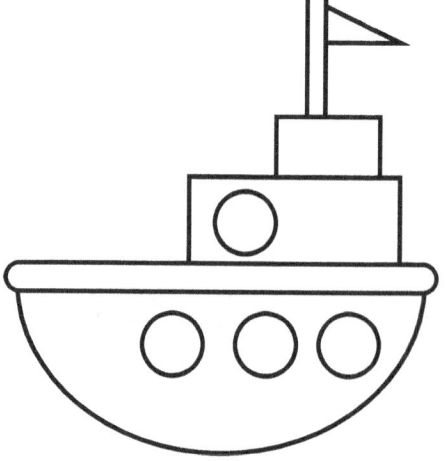

CAREERS

WORD SEARCH

N	U	R	S	E	R	N	M	R
J	L	T	S	I	T	N	E	D
R	A	J	A	L	C	T	W	R
E	F	N	B	U	N	H	O	X
H	A	Z	I	I	T	T	E	B
C	R	W	A	T	C	H	A	F
A	M	P	W	O	O	K	O	T
E	E	B	D	T	E	R	T	R
T	R	Y	G	R	Z	M	M	D

Words to find

AUTHOR

BAKER

CHEF

DENTIST

DOCTOR

FARMER

JANITOR

NURSE

PAINTER

TEACHER

COLORS
WORD SEARCH

```
R  E  V  L  I  S  Y  J  B
D  O  T  D  Q  D  N  L  R
P  U  R  P  L  E  U  P  D
B  N  L  A  E  E  Y  Q  D
L  W  R  R  N  A  D  P  T
A  O  G  E  R  G  I  Y  K
C  R  L  G  D  N  E  T  L
K  B  Y  P  K  J  N  R  N
```

Words to find

BLACK	ORANGE
BLUE	PINK
BROWN	PURPLE
GRAY	RED
GREEN	SILVER

DESSERTS

WORD SEARCH

```
L  B  N  V  T  Y  R  A  R  M
D  O  R  O  L  U  P  K  Y  X
P  G  L  L  R  P  N  Q  Y  Y
R  T  E  L  L  A  S  O  E  G
E  J  R  E  I  U  C  L  D  Y
T  Z  P  I  N  P  F  A  D  M
Z  I  Z  D  F  F  O  D  M  R
E  M  A  T  A  L  G  P  I  E
L  E  L  W  D  T  E  M  R  P
```

Words to find

APPLEPIE   PIE

DONUT   PRETZEL

JELLY   SUNDAE

LOLLIPOP   TRIFLE

MACARON   WAFFLE

FAMILY
WORD SEARCH

```
E  Y  S  N  T  R  K  T  F  K
L  Y  R  O  E  D  H  A  R  M
C  Z  N  H  N  U  T  E  R  Y
N  K  T  Q  S  H  T  E  E  Z
U  O  V  B  E  S  H  C  Q  X
M  X  A  R  I  T  E  F  I  W
N  N  R  S  O  I  N  P  N  L
D  B  Y  R  N  N  J  U  D  D
J  D  B  R  Y  R  L  J  A  D
```

Words to find

AUNT   NIECE

BROTHER   SISTER

FATHER   SON

HUSBAND   UNCLE

MOTHER   WIFE

FRUITS
WORD SEARCH

```
K B B P E A C H Y X J
L A Q L B B R M P V L
T N D Z U S E P A R G
U A V C H E R R I E S
N N N W Q P B O J N Y
O A Q E A O D E T L M
C Z O P E A R A R R G
O W A G C H P A V R X
C Y Q O N P C T N D Y
A L V W L A X Y Q G B
L A Y E V J M Q L D E
```

Words to find

APPLE
AVOCADO
BANANA
BLUEBERRY
CHERRIES
COCONUT

GRAPES
LYCHEE
MANGO
ORANGE
PAPAYA
PEACH

KITCHEN
WORD SEARCH

E	B	O	W	L	F	L	Y	B
L	R	N	T	R	A	O	L	G
T	O	A	Y	D	B	E	R	E
T	O	P	L	A	N	M	F	K
E	M	E	S	D	H	I	Q	L
K	P	K	E	S	N	P	L	L
V	E	R	I	K	A	N	O	K
T	M	D	K	R	W	L	V	M
N	N	D	G	M	P	Q	G	P

Words to find

BASKET	GLASS
BLENDER	KETTLE
BOWL	KNIFE
BROOM	LADLE
DISH	MOP
FORK	PAN

NUMBERS
WORD SEARCH

```
Y  X  Z  R  N  E  X  X  V
N  W  P  N  L  Y  X  T  R
I  Q  O  E  N  I  H  J  R
N  N  V  E  S  R  T  P  K
E  E  V  L  E  W  T  J  P
N  E  I  E  F  O  U  R  Y
S  E  V  G  T  I  O  W  T
L  T  T  T  H  L  V  W  B
D  V  T  W  L  T  T  E  W
```

Words to find

ONE	SEVEN
TWO	EIGHT
THREE	NINE
FOUR	TEN
FIVE	ELEVEN
SIX	TWELVE

OCEAN
WORD SEARCH

A	R	E	T	S	B	O	L	J
N	M	A	N	A	T	E	E	E
G	O	Y	P	C	X	L	E	P
L	M	C	R	U	L	L	E	M
E	D	A	T	Y	F	L	Q	L
F	B	I	F	O	I	F	A	T
I	T	I	U	C	P	R	I	D
S	S	W	A	Q	O	U	O	N
H	W	N	B	C	S	C	S	K

Words to find

ANGLEFISH
CORAL
COD
CRAB
EEL
JELLY FISH

LOBSTER
MANATEE
OCTOPUS
PUFFIN
PELICAN
SQUID

PLACE
WORD SEARCH

```
C O F F E E S H O P R B
Y B T N A R U A T S E R
H T U L C P L C T Q Q M
Y O E S B I H E R Y U L
R B S K S U N X T E W A
O A P P R T T E S O I N
T K K C I A A U M R H V
C E H Q N T M T P A B J
A R M Q D B A O I V D L
F Y G M G Y R L W O L B
P J D N D T W P P N N M
```

Words to find

AIRPORT   FACTORY

BAKERY   HOSPITAL

BUS STATION   HOTEL

CHURCH   MARKET

CINEMA   MUSEUM

COFFEE SHOP   RESTAURANT

SHAPES
WORD SEARCH

```
R C H Q C I R C L E Q
T U P E E Z R O V A L
D B N N P E D H P N T
N E O O S T E W O M B
O C C C G X A N J H Z
G P E A A A A G E B T
A N K G G G T A O R R
T K O Q O O R N X N T
C N R N J T N N E X R
O L P Y L P N G Y P Z
```

Words to find

CIRCLE
CUBE
CONE
CRESCENT
DECAGON
HEART

HEXAGON
HEPTAGON
NONAGON
OVAL
OCTAGON
PENTAGON

SOLAR SYSTEM
WORD SEARCH

```
M E R C U R Y R M
E L M S O J E O M
N B N T U T O Q Q
U E P S I N U J Y
T R A P A V A L J
P S U R E T Y R P
E J R N T T U M U
N L U A M H T R J
Y S B D M J T Z N
```

Words to find

EARTH
JUPITER
MARS
MERCURY
MOON

NEPTUNE
PLUTO
SATURN
VENUS
URANUS

SPACE
WORD SEARCH

T	I	B	R	O	A	Y	Y	Q
S	U	Y	Z	L	R	X	D	G
T	L	A	I	C	A	A	R	G
E	Y	E	N	L	O	A	T	T
N	N	L	A	O	V	M	E	S
A	G	Z	I	R	K	E	D	
L	P	Y	T	X	C	T	M	T
P	L	Y	Q	O	Q	Y	S	R
N	Y	L	R	O	F	U	Y	A

Words to find

EARTH

JUPITER

MARS

MERCURY

MOON

NEPTUNE

PLUTO

SATURN

VENUS

URANUS

'B' LETTER
CROSSWORD

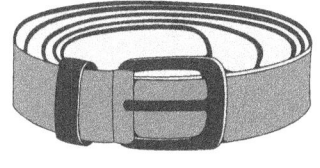

ACROSS:

1. My pants is too big, so i wear a ____.
3. I eat a ____ every day.
4. Young male.

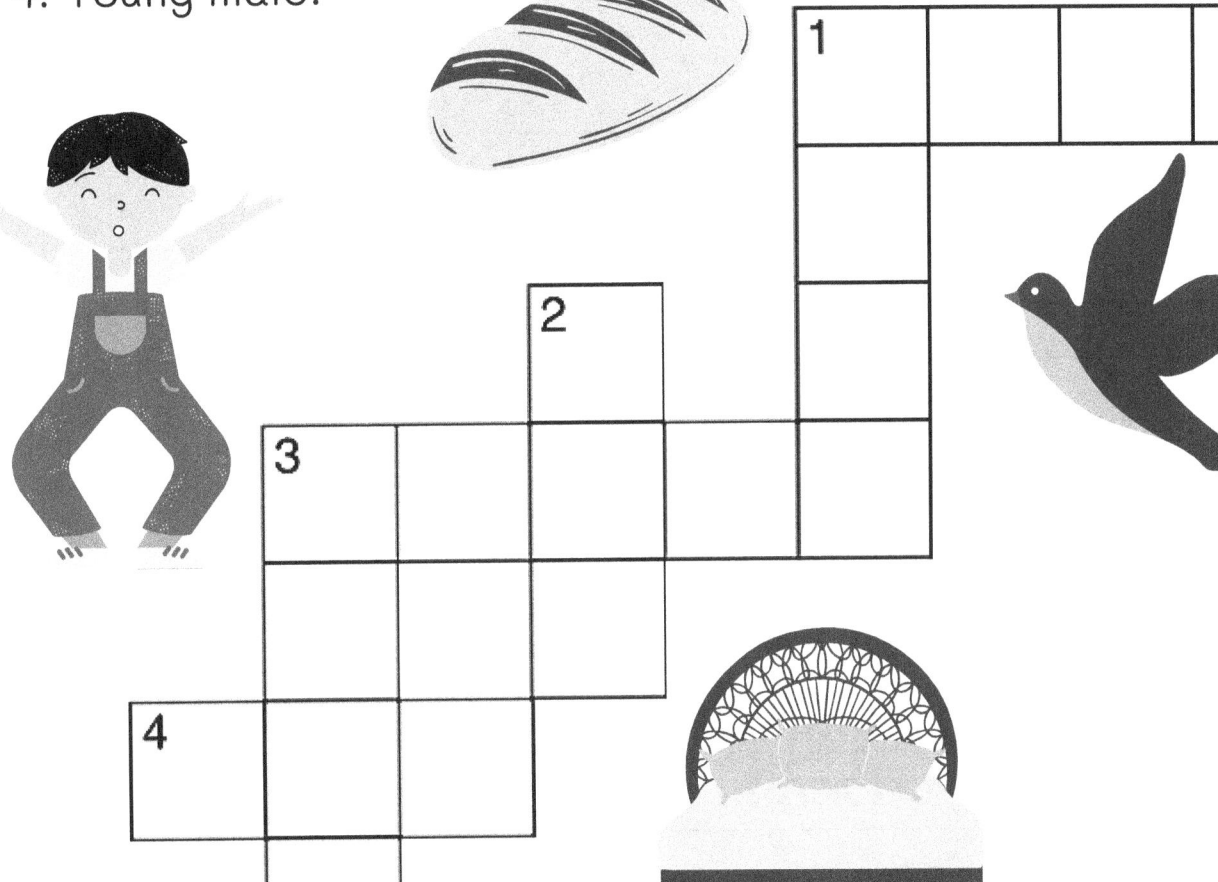

DOWN:

1. An animal that fly.
2. You can sleep in my ____.
3. He is reading a ____.

BIRD BREAD BED BOOK BELT BOY

DRINKS
CROSSWORD

ACROSS: BEER COCKTAIL SODA TEA WINE

 2

 5

 6

 7

 8

DOWN: COLA LEMONADE WATER

 1

 3

 4

FEELING
CROSSWORD

ACROSS:

3. I was ____ of tom's new computer.

5. I was ____ that the mirror was broken.

6. Don't be ____ of telling me.

DOWN:

1. Opposite of sad.

2. He was always ____ watching the duck all day.

4. We all felt ____ about his death.

ANGRY BORED HAPPY JEALOUS SAD SHY

FAMILY
CROSSWORD

ACROSS:

6. My _____ is the oldest member of the family.

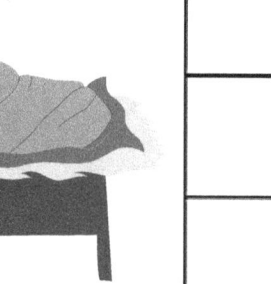

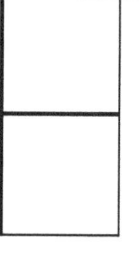

DOWN:

1. She gave birth to you.
2. Wife of your uncle.
3. Brother of your father.
4. Newborn infant.
5. A son of your brother.

AUNT BABY GRANDPARENT MOM NEPHEW UNCLE

GARDEN
CROSSWORD

ACROSS: BEETS MUSHROOM ONION RAKE TROWEL

DOWN: BEANS FLOWERS SHOVEL

    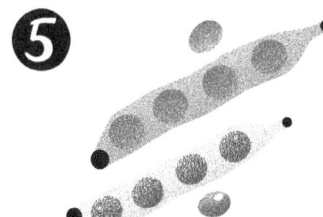

MERMAID
CROSSWORD

ACROSS:

4. Knife used as a weapon.

5. Jewel from the sea.

6. A ____ can find a mermaid to be her partner.

DOWN:

1. The ____ is carpeted with seaweed.

2. The mermaid ruled the ____ of sea.

3. The sun dips into the ____.

DAGGER KINGDOM MERMAN OCEAN PEARL STONE

OCEAN
CROSSWORD

ACROSS: CRAB DOLPHIN EEL OCTOPUS SEAWEED

DOWN: CORAL LOBSTER PELICAN

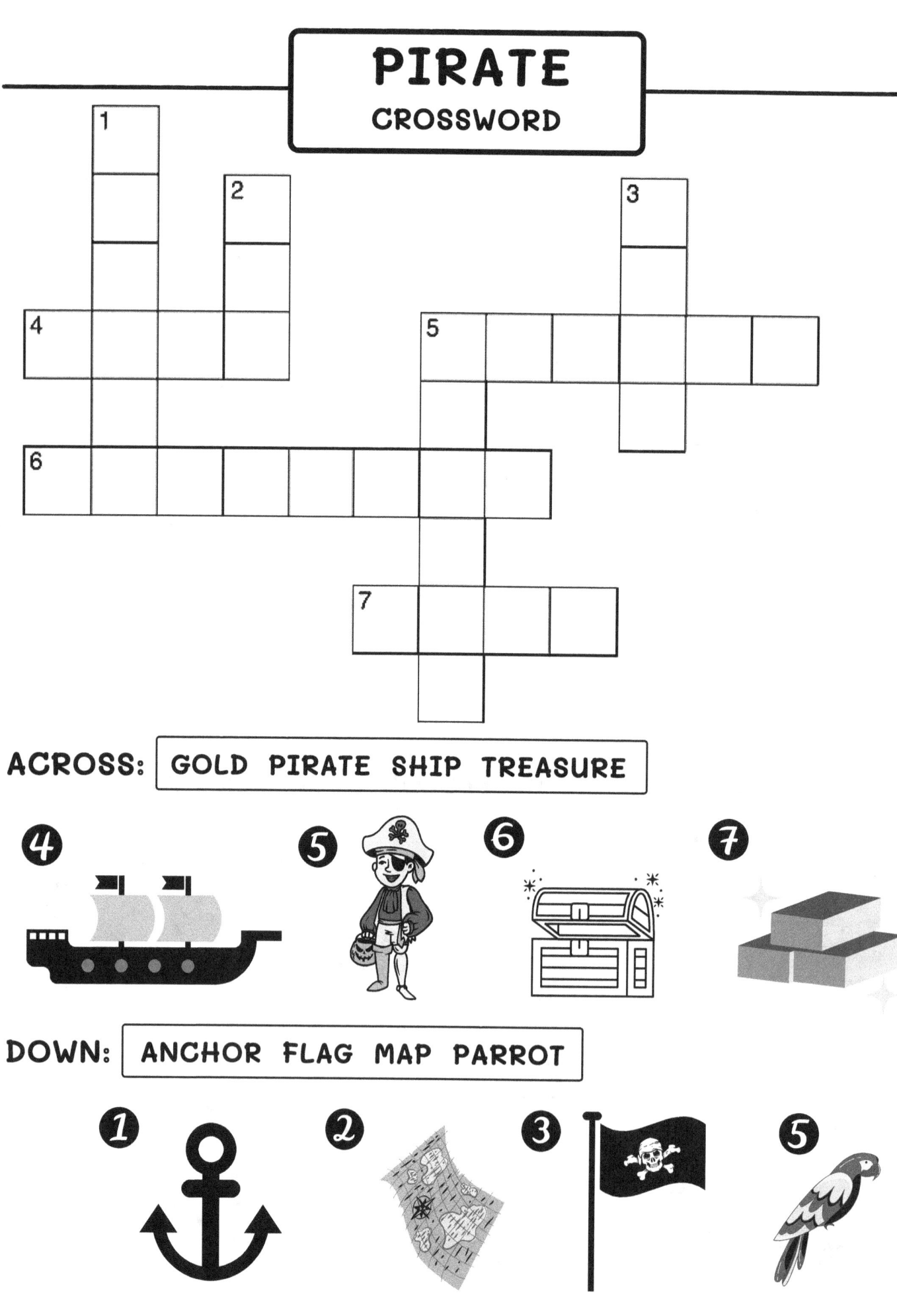

PIRATE
CROSSWORD

ACROSS: GOLD PIRATE SHIP TREASURE

DOWN: ANCHOR FLAG MAP PARROT

SOLAR SYSTEM
CROSSWORD

ACROSS:

4. Large star system.
5. A giant ____ struck the earth.
6. It is a visible ____ in the sky.

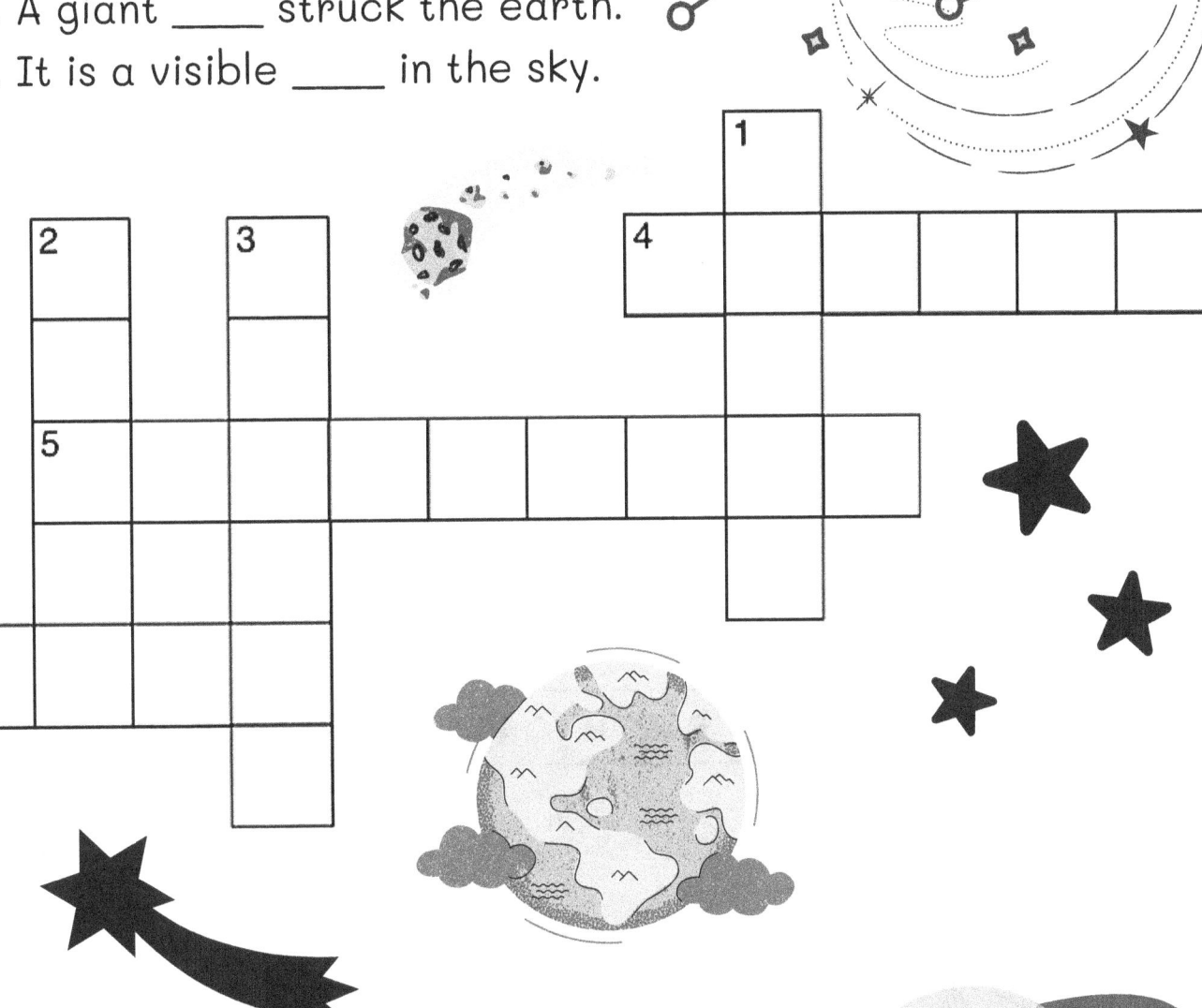

DOWN:

1. The ____ moves round the sun.
2. Tailed star.
3. Ringed planet.

COMET EARTH GALAXY METEORITE SATURN STAR

SPACE
CROSSWORD

ACROSS: ASTRONAUT EARTH GALAXY TELESCOPE UFO

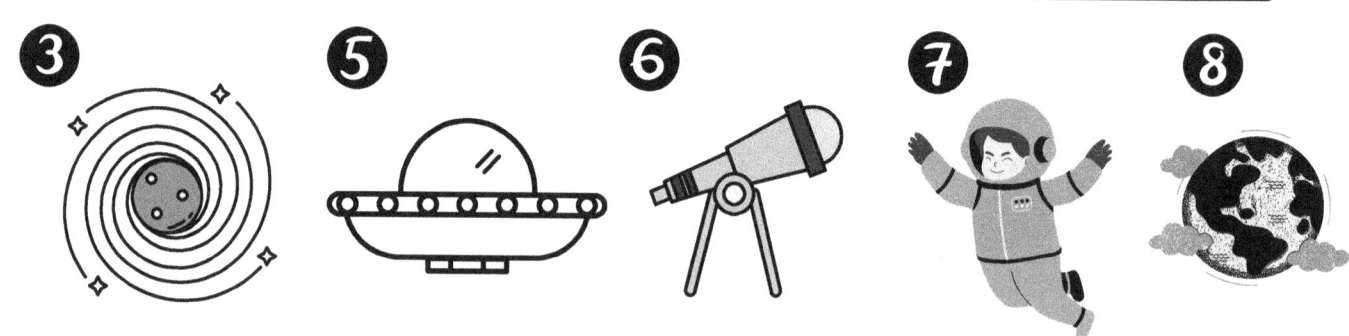

DOWN: ALIEN ROCKET SATELLITE

SOLUTIONS

1

4	2	1	3
1	3	2	4
3	1	4	2
2	4	3	1

2

3	2	4	1
4	1	3	2
2	3	1	4
1	4	2	3

3

3	4	1	2
2	1	4	3
1	2	3	4
4	3	2	1

4

1	2	3	4
4	3	1	2
3	4	2	1
2	1	4	3

5

4	3	2	1
2	1	3	4
1	2	4	3
3	4	1	2

6

4	1	3	2
2	3	1	4
1	2	4	3
3	4	2	1

7

4	2	3	1
3	1	4	2
2	3	1	4
1	4	2	3

8

3	2	1	4
1	4	3	2
4	1	2	3
2	3	4	1

9

4	3	2	1
2	1	4	3
3	4	1	2
1	2	3	4

10

2	4	1	3
3	1	2	4
1	3	4	2
4	2	3	1

11

4	2	3	1
1	3	4	2
3	1	2	4
2	4	1	3

12

3	2	1	4
1	4	3	2
2	1	4	3
4	3	2	1

13

4	1	3	2
2	3	4	1
1	4	2	3
3	2	1	4

14

2	3	1	4
1	4	2	3
3	1	4	2
4	2	3	1

15

4	2	1	3
1	3	4	2
2	4	3	1
3	1	2	4

16

3	4	1	2
2	1	4	3
1	2	3	4
4	3	2	1

6x6 Sudoku

1

4	2	3	1	6	5
5	6	1	3	4	2
1	3	4	2	5	6
2	5	6	4	1	3
6	4	2	5	3	1
3	1	5	6	2	4

2

4	5	6	3	1	2
3	1	2	6	5	4
5	2	4	1	3	6
1	6	3	2	4	5
2	3	5	4	6	1
6	4	1	5	2	3

3

3	6	2	4	5	1
1	4	5	3	2	6
5	1	6	2	4	3
2	3	4	1	6	5
6	2	3	5	1	4
4	5	1	6	3	2

4

1	2	4	6	5	3
6	3	5	1	4	2
3	4	6	2	1	5
5	1	2	3	6	4
2	5	1	4	3	6
4	6	3	5	2	1

5

6	4	3	5	1	2
5	2	1	6	4	3
3	6	2	4	5	1
4	1	5	3	2	6
1	3	4	2	6	5
2	5	6	1	3	4

6

4	5	6	1	2	3
3	1	2	4	5	6
6	2	1	3	4	5
5	4	3	6	1	2
1	3	5	2	6	4
2	6	4	5	3	1

7

3	5	4	6	1	2
2	6	1	4	5	3
5	1	3	2	6	4
6	4	2	1	3	5
1	2	5	3	4	6
4	3	6	5	2	1

8

5	1	2	6	4	3
4	6	3	2	1	5
3	5	6	1	2	4
1	2	4	5	3	6
6	4	1	3	5	2
2	3	5	4	6	1

9

5	3	4	1	2	6
6	2	1	5	3	4
2	5	6	4	1	3
4	1	3	2	6	5
1	6	5	3	4	2
3	4	2	6	5	1

10

1	2	3	4	5	6
5	6	4	3	2	1
4	5	2	1	6	3
3	1	6	2	4	5
6	4	1	5	3	2
2	3	5	6	1	4

11

4	5	3	6	2	1
1	6	2	4	5	3
5	2	4	3	1	6
6	3	1	2	4	5
3	4	5	1	6	2
2	1	6	5	3	4

12

6	1	3	4	2	5
5	2	4	6	1	3
2	5	1	3	4	6
3	4	6	1	5	2
1	6	2	5	3	4
4	3	5	2	6	1

13

1	3	4	5	6	2
2	6	5	1	3	4
6	1	3	4	2	5
5	4	2	3	1	6
4	2	1	6	5	3
3	5	6	2	4	1

14

4	2	6	3	5	1
1	5	3	4	2	6
2	6	1	5	3	4
5	3	4	1	6	2
3	4	2	6	1	5
6	1	5	2	4	3

15

6	4	2	5	3	1
1	3	5	6	2	4
3	1	4	2	6	5
2	5	6	1	4	3
5	2	3	4	1	6
4	6	1	3	5	2

16

4	1	6	2	5	3
5	2	3	6	4	1
1	5	4	3	6	2
3	6	2	4	1	5
2	4	5	1	3	6
6	3	1	5	2	4

8x8 Sudoku

1

2	6	5	3	4	8	7	1
4	8	1	7	5	3	6	2
5	2	7	6	8	4	1	3
3	1	4	8	6	7	2	5
1	4	8	2	7	5	3	6
6	7	3	5	1	2	8	4
8	3	6	4	2	1	5	7
7	5	2	1	3	6	4	8

2

8	5	7	3	1	6	2	4
6	1	4	2	3	5	7	8
2	7	1	5	8	3	4	6
4	8	3	6	7	2	1	5
7	2	5	8	4	1	6	3
1	3	6	4	5	7	8	2
3	6	8	1	2	4	5	7
5	4	2	7	6	8	3	1

3

1	8	4	7	6	3	2	5
6	5	2	3	7	8	1	4
8	3	6	4	1	7	5	2
2	1	7	5	8	6	4	3
4	7	5	1	3	2	8	6
3	6	8	2	4	5	7	1
5	4	3	8	2	1	6	7
7	2	1	6	5	4	3	8

4

7	2	4	3	6	1	8	5
8	1	6	5	2	7	3	4
5	7	1	8	3	2	4	6
6	4	3	2	7	5	1	8
4	3	5	7	1	8	6	2
1	8	2	6	5	4	7	3
2	6	8	1	4	3	5	7
3	5	7	4	8	6	2	1

5

1	6	5	7	2	3	8	4
3	8	2	4	7	6	1	5
7	2	1	3	4	5	6	8
4	5	8	6	1	2	7	3
2	7	3	1	5	8	4	6
8	4	6	5	3	1	2	7
6	3	7	2	8	4	5	1
5	1	4	8	6	7	3	2

6

2	6	8	1	3	7	5	4
5	3	7	4	8	2	1	6
4	2	3	7	6	1	8	5
8	5	1	6	4	3	2	7
7	4	5	2	1	6	3	8
3	1	6	8	5	4	7	2
1	7	4	5	2	8	6	3
6	8	2	3	7	5	4	1

7

2	4	7	6	5	3	8	1
1	8	5	3	6	7	4	2
7	3	4	5	2	1	6	8
8	1	6	2	7	5	3	4
6	2	3	8	1	4	7	5
4	5	1	7	3	8	2	6
5	7	2	4	8	6	1	3
3	6	8	1	4	2	5	7

8

2	3	5	4	1	6	7	8
6	7	1	8	4	2	5	3
8	2	4	7	6	3	1	5
5	6	3	1	7	4	8	2
3	8	6	2	5	1	4	7
4	1	7	5	2	8	3	6
1	5	2	3	8	7	6	4
7	4	8	6	3	5	2	1

9

3	4	7	2	5	6	1	8
1	8	5	6	2	3	7	4
7	3	6	4	8	1	2	5
5	2	1	8	4	7	6	3
6	7	4	3	1	5	8	2
8	5	2	1	6	4	3	7
2	6	3	5	7	8	4	1
4	1	8	7	3	2	5	6

10

4	5	8	1	6	2	3	7
2	7	3	6	5	1	4	8
5	6	7	8	2	4	1	3
1	2	4	3	7	8	6	5
7	8	6	2	1	3	5	4
3	4	1	5	8	6	7	2
8	1	5	4	3	7	2	6
6	3	2	7	4	5	8	1

11

2	7	5	4	6	3	1	8
8	1	6	3	2	7	5	4
7	6	8	2	5	1	4	3
1	4	3	5	8	6	7	2
5	8	2	7	3	4	6	1
4	3	1	6	7	2	8	5
6	2	4	8	1	5	3	7
3	5	7	1	4	8	2	6

12

3	1	8	4	7	2	5	6
5	6	2	7	8	3	1	4
4	7	3	8	5	6	2	1
2	5	1	6	4	8	3	7
1	4	5	3	6	7	8	2
7	8	6	2	1	5	4	3
6	2	4	5	3	1	7	8
8	3	7	1	2	4	6	5

13

7	8	2	1	4	6	3	5
4	6	3	5	7	1	2	8
2	7	1	8	3	5	6	4
6	5	4	3	1	2	8	7
5	2	6	4	8	7	1	3
1	3	8	7	2	4	5	6
3	4	5	2	6	8	7	1
8	1	7	6	5	3	4	2

14

6	8	1	3	5	7	4	2
4	5	2	7	8	3	1	6
7	1	6	4	2	5	8	3
8	2	3	5	4	1	6	7
1	4	7	6	3	8	2	5
2	3	5	8	6	4	7	1
5	6	4	1	7	2	3	8
3	7	8	2	1	6	5	4

15

8	1	7	2	6	4	5	3
4	3	5	6	7	2	8	1
3	5	4	7	8	6	1	2
2	6	1	8	5	7	3	4
6	2	3	4	1	5	7	8
5	7	8	1	2	3	4	6
1	4	2	5	3	8	6	7
7	8	6	3	4	1	2	5

16

8	3	2	6	7	1	4	5
1	4	7	5	2	8	6	3
7	6	5	3	8	4	2	1
4	1	8	2	5	7	3	6
3	2	1	4	6	5	8	7
5	7	6	8	4	3	1	2
6	8	3	7	1	2	5	4
2	5	4	1	3	6	7	8

1

9	6	3	8	1	5	7	4	2
1	4	2	3	9	7	5	6	8
5	8	7	2	6	4	1	9	3
6	2	1	4	3	9	8	5	7
3	7	8	6	5	2	4	1	9
4	9	5	1	7	8	2	3	6
2	1	9	7	4	6	3	8	5
7	3	6	5	8	1	9	2	4
8	5	4	9	2	3	6	7	1

2

8	7	9	5	6	4	3	1	2
6	2	1	7	8	3	9	5	4
5	4	3	1	2	9	6	8	7
4	9	6	8	3	1	2	7	5
7	1	2	6	4	5	8	9	3
3	8	5	2	9	7	4	6	1
9	5	8	4	7	2	1	3	6
2	6	7	3	1	8	5	4	9
1	3	4	9	5	6	7	2	8

3

4	3	1	8	9	5	6	7	2
2	9	6	3	1	7	5	8	4
7	5	8	4	2	6	1	9	3
9	1	7	6	3	8	4	2	5
5	2	3	1	4	9	8	6	7
8	6	4	5	7	2	3	1	9
3	8	2	7	5	1	9	4	6
6	7	5	9	8	4	2	3	1
1	4	9	2	6	3	7	5	8

4

1	3	9	2	7	8	5	6	4
2	7	8	5	6	4	9	1	3
5	6	4	1	9	3	7	8	2
6	8	1	3	5	9	2	4	7
7	9	3	6	4	2	8	5	1
4	2	5	7	8	1	3	9	6
9	4	2	8	1	7	6	3	5
3	1	6	9	2	5	4	7	8
8	5	7	4	3	6	1	2	9

5

5	2	4	6	9	1	3	8	7
3	1	6	4	8	7	5	9	2
7	9	8	2	5	3	6	4	1
1	5	7	3	2	8	4	6	9
6	3	9	7	4	5	2	1	8
8	4	2	1	6	9	7	3	5
2	7	3	8	1	4	9	5	6
9	6	1	5	3	2	8	7	4
4	8	5	9	7	6	1	2	3

6

9	1	8	7	2	3	6	5	4
2	3	4	6	8	5	9	1	7
6	5	7	9	4	1	3	8	2
4	6	3	2	5	9	8	7	1
5	2	9	1	7	8	4	3	6
7	8	1	4	3	6	2	9	5
1	4	2	3	9	7	5	6	8
8	9	6	5	1	4	7	2	3
3	7	5	8	6	2	1	4	9

7

1	3	2	4	6	9	7	8	5
5	4	8	3	1	7	6	9	2
6	7	9	2	5	8	3	1	4
8	9	4	6	7	2	1	5	3
7	5	1	8	4	3	2	6	9
3	2	6	1	9	5	4	7	8
9	1	7	5	2	4	8	3	6
4	8	5	7	3	6	9	2	1
2	6	3	9	8	1	5	4	7

8

7	6	5	9	3	4	2	8	1
2	4	1	8	7	6	3	5	9
8	9	3	2	1	5	7	4	6
3	1	4	5	9	7	8	6	2
6	7	2	4	8	3	1	9	5
5	8	9	1	6	2	4	3	7
1	2	6	3	4	9	5	7	8
4	5	7	6	2	8	9	1	3
9	3	8	7	5	1	6	2	4

9

4	6	1	7	3	5	9	8	2
2	7	9	4	6	8	3	5	1
5	8	3	2	1	9	6	7	4
6	2	8	5	4	1	7	9	3
7	1	5	3	9	2	4	6	8
3	9	4	8	7	6	2	1	5
8	3	2	6	5	7	1	4	9
1	5	6	9	2	4	8	3	7
9	4	7	1	8	3	5	2	6

10

7	6	9	2	3	4	1	8	5
3	4	5	7	1	8	2	6	9
2	8	1	6	9	5	3	4	7
9	7	2	3	8	1	4	5	6
4	5	3	9	7	6	8	1	2
6	1	8	5	4	2	9	7	3
1	3	6	4	2	7	5	9	8
5	2	4	8	6	9	7	3	1
8	9	7	1	5	3	6	2	4

11

5	2	9	6	1	3	4	8	7
1	4	8	9	2	7	6	3	5
3	7	6	5	4	8	1	9	2
4	9	2	3	6	1	5	7	8
8	3	7	2	5	4	9	6	1
6	1	5	8	7	9	3	2	4
7	8	1	4	3	6	2	5	9
9	5	3	1	8	2	7	4	6
2	6	4	7	9	5	8	1	3

12

1	8	7	6	3	9	2	5	4
3	2	6	4	1	5	8	9	7
5	9	4	7	8	2	6	3	1
4	3	1	5	7	8	9	6	2
7	6	9	1	2	3	5	4	8
2	5	8	9	6	4	7	1	3
6	7	5	8	4	1	3	2	9
8	4	2	3	9	6	1	7	5
9	1	3	2	5	7	4	8	6

13

6	9	3	1	7	4	2	8	5
2	1	5	6	3	8	7	4	9
4	7	8	5	9	2	1	6	3
3	2	1	4	5	7	6	9	8
9	4	6	2	8	1	3	5	7
8	5	7	9	6	3	4	1	2
1	3	2	8	4	9	5	7	6
5	8	4	7	2	6	9	3	1
7	6	9	3	1	5	8	2	4

14

8	5	3	6	7	1	9	2	4
6	2	1	8	4	9	7	3	5
4	9	7	5	2	3	8	6	1
5	3	4	9	1	7	6	8	2
2	8	9	3	6	4	1	5	7
7	1	6	2	5	8	3	4	9
1	6	2	7	8	5	4	9	3
3	4	5	1	9	6	2	7	8
9	7	8	4	3	2	5	1	6

15

3	2	7	5	1	9	4	6	8
1	8	5	3	6	4	9	7	2
4	6	9	8	7	2	1	5	3
5	9	3	2	4	6	8	1	7
6	4	1	7	8	3	5	2	9
2	7	8	9	5	1	3	4	6
7	1	4	6	3	8	2	9	5
9	3	6	4	2	5	7	8	1
8	5	2	1	9	7	6	3	4

16

5	3	1	6	7	9	8	4	2
4	9	7	2	8	1	6	5	3
2	8	6	3	5	4	1	7	9
8	2	3	5	1	7	9	6	4
1	7	9	4	2	6	3	8	5
6	5	4	9	3	8	7	2	1
7	4	5	1	6	3	2	9	8
9	1	8	7	4	2	5	3	6
3	6	2	8	9	5	4	1	7

BEACH

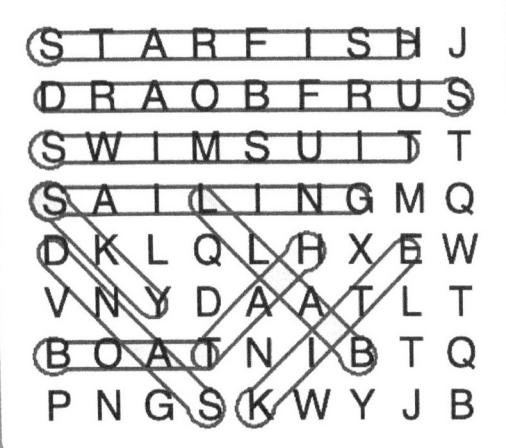

ELEPHANT

CAREERS

COLORS

DESSERTS

FAMILY

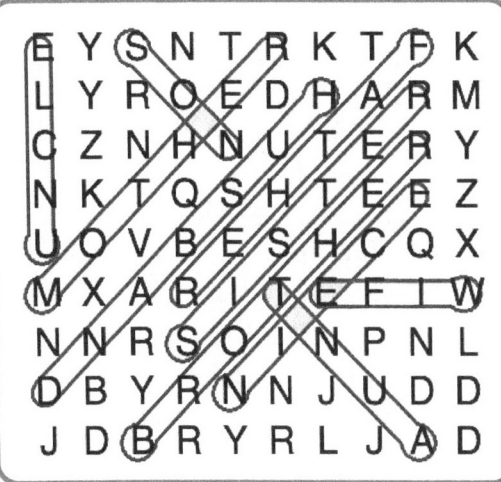

FRUITS

KITCHEN

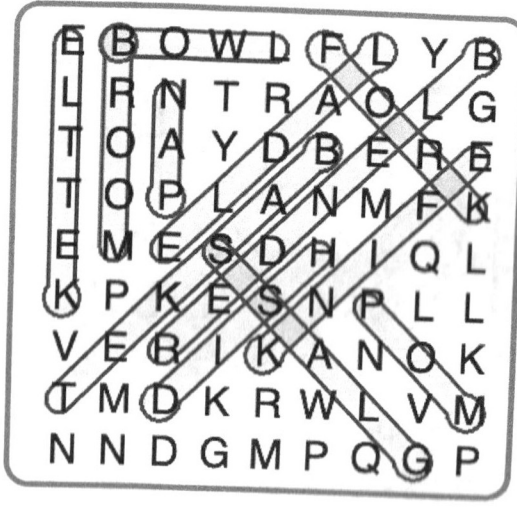

NUMBERS

OCEAN

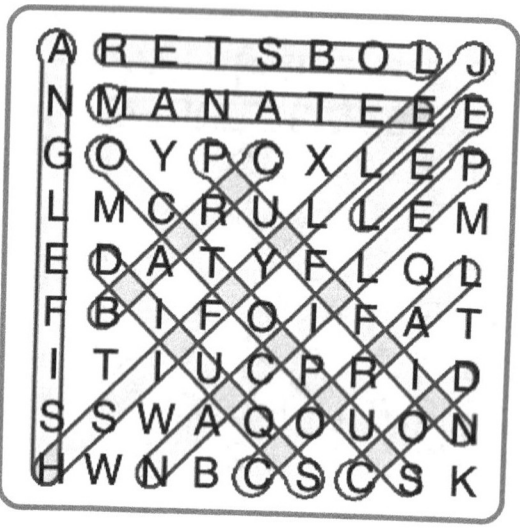

PLACE

SHAPES

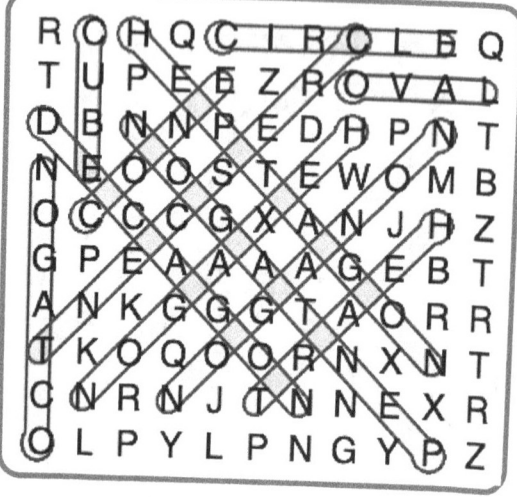

SOLAR SYSTEM

SPACE

www.ingramcontent.com/pod-product-compliance
Lightning Source LLC
Chambersburg PA
CBHW080845220526
45467CB00008B/2400